LINGJICHU
XUE
JIANZHU
SHITU

零基础
学建筑识图

阳鸿钧 等编

双色版

U0194858

化学工业出版社
·北京·

建筑图在建筑工程界是一种"工程语言"，其重要性与基础性不言自明。本书可帮助读者掌握这一重要的基础性技能，以便在实际工作中能够更好地掌握该语言所要表达的交流信息。

本书的主要内容包括识读建筑图基础知识、图样画法与材料图例、计算机辅助图综述、建筑概述与施工图的识读、建筑结构施工图的识读、建筑给水排水施工图的识读、建筑暖通空调施工图的识读、建筑电气施工图的识读等。

本书可供建筑施工人员、建筑装饰施工人员、建筑工程管理人员、监理技术人员、土建类专业有关人员参考阅读，也可以供建筑工程制图人员、社会自学人员参考阅读。另外，本书还可以供大中专院校相关专业、培训学校等参考使用。

图书在版编目（CIP）数据

零基础学建筑识图：双色版 / 阳鸿钧等编 .——北京：化学工业出版社，2019.7 (2024.10重印)
ISBN 978-7-122-34286-7

Ⅰ．①零… Ⅱ．①阳…Ⅲ．①建筑制图 - 识图
Ⅳ．① TU204.21

中国版本图书馆 CIP 数据核字（2019）第 067791 号

责任编辑：彭明兰　　　　　　　　　文字编辑：邹宁
责任校对：宋玮　　　　　　　　　　装帧设计：韩飞

出版发行：化学工业出版社（北京市东城区青年湖南街 13 号　邮政编码 100011）
印　　装：大厂聚鑫印刷有限责任公司
787mm×1092mm　1/16　印张 13¾　字数 332 千字　　2024 年 10 月北京第 1 版第 10 次印刷

购书咨询：010-64518888　　　　　　　售后服务：010-64518899
网　　址：http://www.cip.com.cn
凡购买本书，如有缺损质量问题，本社销售中心负责调换。

定　　价：59.80 元

◆ 前 言 ◆

建筑图在建筑工程界被誉为是一种"工程语言",其重要性与基础性不言自明。为了便于读者掌握这一重要的基础性知识、技能,以及能够在实际工作中更好地掌握该语言所要表达的交流信息,特编写了本书。

本书的特点如下。

1. 定位清晰。零基础学建筑识图,实现学业与职业技能无缝对接。

2. 图文并茂。本书尽量采用图解的方式进行讲述,以达到识读清楚明了、直观快学的效果。

本书内容共由8章组成,分别讲述了识读建筑图基础知识、图样画法与材料图例、计算机辅助图综述、建筑概述与施工图的识读、建筑结构施工图的识读、建筑给水排水施工图的识读、建筑暖通空调施工图的识读、建筑电气施工图的识读等。本书具有重点突出、实用性强、贴近实战等特点。

本书由阳鸿钧、阳育杰、阳许倩、杨红艳、许秋菊、许四一、欧小宝、阳红珍、许满菊、许应菊、唐忠良、许小菊、阳梅开、阳苟妹、唐许静、欧凤祥、罗小伍、许鹏翔等人员参加编写或支持编写,并且还得到了一些人员的帮助,在此,向他们表示衷心的感谢!

另外,在本书的编写过程中,也参考了一些珍贵的资料、文献、互联网站,但是因个别资料与文献的最原始来源不详,以及其他原因使得参考文献中无法一一列举出来,在此特意说明以及特向这些资料、文献、网站的作者深表谢意!

建筑识图涉及的规范、要求比较多,为此本书参考了有关标准、规范、要求、方法等资料,而一些标准、规范、要求、方法等会存在更新、修订等情况。出书需要一定的时间,出书后难以及时调整,因此,凡涉及这些标准、规范、要求、方法的更新、修订等的等情况,请读者及时跟进现行的要求进行对应调整。

由于编者水平和经验有限,书中疏漏、不足之处在所难免,敬请广大读者批评指正。

目 录

第1章
识读建筑图基础知识

1.1 识图能力、建筑与建筑图的关系

1.1.1 识读建筑图的要求

识读建筑图，不仅要求看懂，还应达到以下要求。

（1）能够理解建筑施工图的成图原理、制图标准、绘图特点、布局规律，能够掌握建筑图的绘制方法、识图基础与识图技巧，从而为学习建筑图、工作中运用建筑图打下扎实的基础。

（2）能够看懂建筑组成结构、房屋的组成结构、建筑各部分的材料、施工做法、施工要求与施工具体细节。

（3）能够根据施工图纸进行建筑面积计算、有关工程量的计算、常用构件数量的统计与计算等工作。

（4）能够发现图纸中较明显的错误、遗漏、图样间的相互矛盾和冲突。

（5）能够掌握不同工序之间的涵接要求与特点，以及各工序的施工规律。

（6）能够掌握建筑各专业图的特点与要求，以及各专业施工间的联系。

为此，识读建筑图不仅要学习图样画法与材料图例、计算机辅助图，还要能够识读建筑施工图、结构施工图、暖通空调施工图、电气施工图、给排水施工图等各专业图。这些知识与技能，都需要掌握识读建筑图的基础。为此，下面首先介绍一些识读建筑图的基础知识。

1.1.2 什么是建筑

建筑是建筑物与构筑物的总称，是人们为了满足社会生活需要，利用所掌握的物质技术手段，运用一定的科学规律、美学法则、专业规范创造的人工环境。

狭义的建筑物专指房屋，也就是房屋建筑，不包括构筑物，是指人工建造的供人们进行各种生产、生活等活动的场所。广义的建筑物既包括建筑物，也包括构筑物。

构筑物是不具备、不包含、不提供人类居住功能的人工建筑物，主要指除了一般有明确定义的工业建筑、民用建筑、农业建筑等之外的，对主体建筑有辅助作用的，并且有一定功能性的结构建筑。

常见的建筑物有工业建筑、民用建筑、商业建筑、农业建筑、园林建筑等。常见的构筑物有水塔、烟囱、栈桥、堤坝、蓄水池等。

知识小贴士

建筑物与构筑物的差异一言以蔽之：建筑物——人们可以居住；构筑物——不适合人们居住。

1.1.3 建筑与建筑图的转换

建筑实物就是建筑实际物体，是看得见、摸得着的，实实在在的已建造竣工的物体或者正在建造中的物体。例如，图1-1、图1-2所示就是建筑实物。

图1-1　建造中的建筑实物　　　　　　　　图1-2　已经竣工的建筑实物

建筑实物有整体的表现、要求、特点，又有细部工艺、要求、特点，也就是说建筑实物包括的内容很多。

人们看到的建筑实物，往往是经过勘探、设计、监理、施工建造出来的。设计、施工前，该建筑实物一般是没有的，往往是处于"设想中的建筑""想要建的建筑"。怎样把这一设想的、想要建的建筑通过施工建造成建筑实物？一些建筑就是通过立项后，由设计出图，然后施工人员根据签绘的图纸进行施工。也就是说，一些设计设想、施工要求等往往通过建筑图来传递、传达。

知识小贴士

建筑，为什么要"搞个"建筑图——很多建筑非常复杂，往往涉及多人、多单位、多设备，且又要符合标准、规范要求。为此，需要利用建筑图作为传递工程有关信息的传载体。

为此，也可以得出识读建筑图的一个诀窍——就是要能够在建筑实物与建筑图间进行相关的转换。这种转换根据建筑图"语言"的内容与传载信息来进行。

建筑图根据其"语言"内容与传载信息，可以分为建筑施工图、结构施工图、设备施工图。常见的房屋建筑设备施工图有给水排水施工图、采暖通风施工图、电气施工图等。

施工人员通过识读建筑相关图，可以准确掌握建筑物的外形轮廓、尺寸大小、结构构造、施工工艺做法要求等情况。为此，对于建筑图的识读，不但要掌握专业方向的施工图的特点、要求、表示、含义、图例等信息，还要能识读施工图的基本规定、查阅方法，即对建筑图基本的规定、要求、表示等也要掌握。

1.2 建筑图基础知识

1.2.1 图幅与图框的特点

图幅就是图纸的幅面，也就是图纸的长度与宽度组成的图面（纸面或者电子界面）。常见的图幅与图框尺寸见表1-1。

表1-1 常见的图幅与图框尺寸　　　　　　　　　　　单位：mm

幅面代号 尺寸代号	A0	A1	A2	A3	A4
$b \times l$	841×1189	594×841	420×594	297×420	210×297
c	10			5	
a	25				

注：表中 b 为幅面短边尺寸；l 为幅面长边尺寸；c 为图框线与幅面线间宽度；a 为图框线与装订边间宽度。

建筑工程图纸的短边一般不应加长，长边可以加长。长边加长一般需要符合的要求及规定见表1-2。特殊需要的图纸图幅，可以采用 $b \times l$ 为841mm×891mm与1189mm×1261mm的幅面。

需要微缩复制的图纸，其一个边上需要附有一段准确的米制尺度，并且四个边上均需附有对中标志。其中，米制尺度的总长一般为100mm，分格一般为10mm。对中标志一般画在图纸各边长的中点处，并且线宽一般为0.35mm，伸入框内一般为5mm。

表1-2 长边加长一般应符合的要求及规定　　　　　　　　单位：mm

幅面代号	长边尺寸 l	长边加长后的尺寸						
A0	1189	1486 （A0+1/4l）	1783 （A0+1/2l）	2080 （A0+3/4l）	2378 （A0+l）			
A1	841	1051 （A1+1/4l）	2102 （A1+3/2l）	1261 （A1+1/2l）	1471 （A1+3/4l）	1682 （A1+l）	1892 （A1+5/4l）	
A2	594	743 （A2+1/4l）	891 （A2+1/2l）	1041 （A2+3/4l）	1189 （A2+l）	1338 （A2+5/4l）		
		1486 （A2+3/2l）	1635 （A2+7/4l）	1783 （A2+2l）	1932 （A2+9/4l）	2080 （A2+5/2l）		
A3	420	630 （A3+1/2l）	841 （A3+l）	1051 （A3+3/2l）	1261 （A3+2l）	1471 （A3+5/2l）	1682 （A3+3l）	1892 （A3+7/2l）

横式图纸一般是以短边作为垂直边。立式图纸一般是以短边作为水平边。一般A0～A3

图纸一般采用横式使用。必要时，A0～A3图纸也可以采用立式。一个工程设计图中，每个专业所使用的图纸，一般不宜多于两种幅面（不含目录、表格所采用的A4幅面）。横式图纸与立式图纸的图例如图1-3所示。

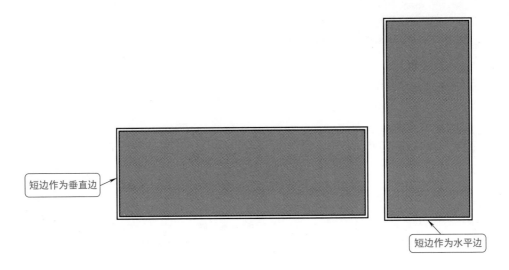

图 1-3　横式图纸与立式图纸的图例

知识小贴士

图幅，通俗地讲就是指图纸尺寸的大小。为了交流、装订、保管等需要，图幅与图框尺寸有一定的统一规定。软件绘制的建筑图，往往通过软件设置或者图形样板来确定，如图1-4所示。实际建筑图采用的幅面种类识读图例（CAD图）举例如图1-5所示。

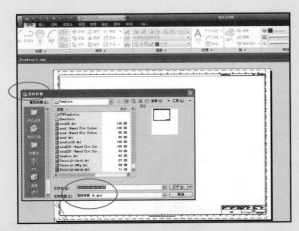

图 1-4　软件绘制的建筑图图纸的大小的选择

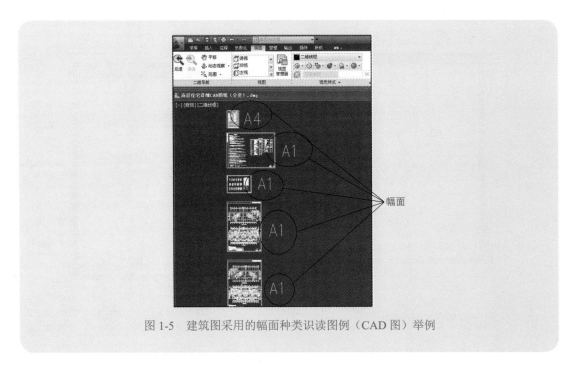

图 1-5　建筑图采用的幅面种类识读图例（CAD 图）举例

1.2.2　图纸的标题栏、会签栏与装订边的要求与特点

图纸的标题栏、会签栏与装订边的要求与特点如图 1-6 所示。

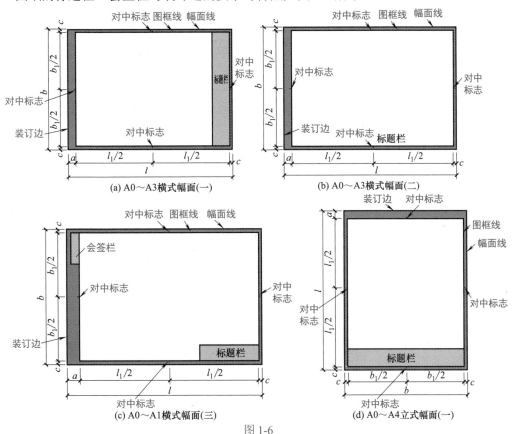

(a) A0～A3横式幅面(一)

(b) A0～A3横式幅面(二)

(c) A0～A1横式幅面(三)

(d) A0～A4立式幅面(一)

图 1-6

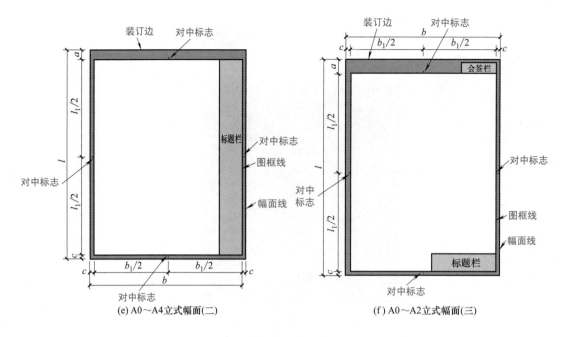

图 1-6 图纸的标题栏、会签栏与装订边的要求与特点

图纸的标题栏一般是根据工程需要选择确定其尺寸、格式、分区的。图纸的签字区一般包含实名列、签名列。另外，有的图纸采用的是电子签名。

涉外工程图纸的标题栏内，各项主要内容的中文下方一般有译文，并且设计单位的上方或左方，一般会标有"中华人民共和国"的字样。

常用图纸的标题栏的布局图例如图 1-7 所示。

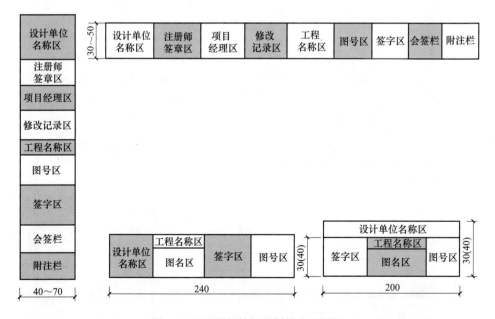

图 1-7 常用图纸的标题栏的布局图例

签字区布局图例如图 1-8 所示。

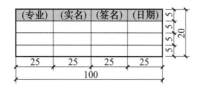

(专业)
(实名)
(签名)
(日期)
5
5
5
5
20
25
25
25
25
100

图 1-8　签字区布局图例

一些实际建筑图标题栏、签字区识读图例（CAD 图）如图 1-9 所示。

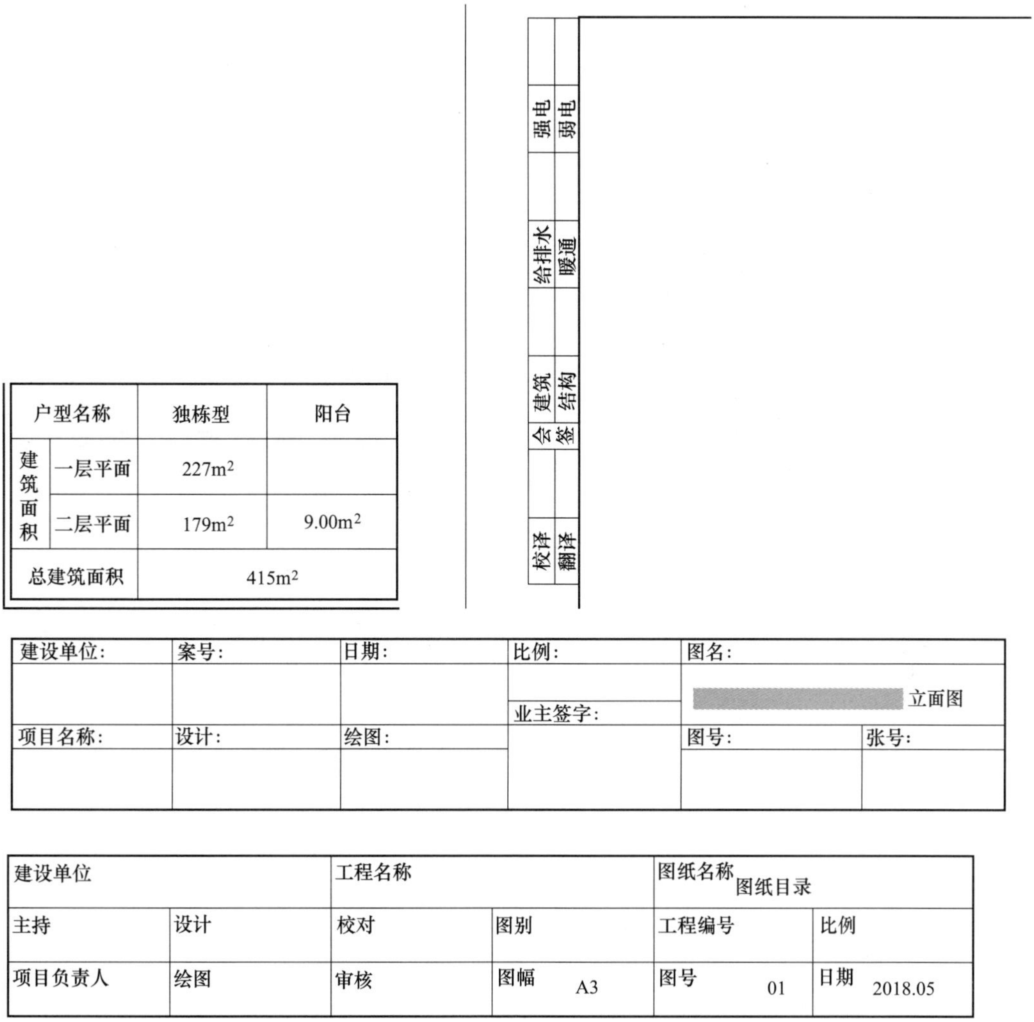

强电
弱电
给排水
暖通
建筑
结构
会
签
校译
翻译
户型名称
独栋型
阳台
建筑面积
一层平面
227m²
二层平面
179m²
9.00m²
总建筑面积
415m²
建设单位:
案号:
日期:
比例:
图名:
业主签字:
立面图
项目名称:
设计:
绘图:
图号:
张号:
建设单位
工程名称
图纸名称
图纸目录
主持
设计
校对
图别
工程编号
比例
项目负责人
绘图
审核
图幅
A3
图号
01
日期
2018.05

图 1-9　一些建筑图标题栏、签字区识读图例（CAD 图）

1.2.3　图纸编排顺序的特点

图纸的编排，也就是图纸的装订，一般是根据专业顺序来编排的，一般为图纸目录、总图、建筑图、结构图、给水排水图、暖通空调图、电气图等。

各专业图纸的编排，一般是根据图纸内容的主次关系、逻辑关系等进行的。

图纸编排顺序类似于图书，目录放前面，便于速查、对照等。从目录可以查看其他图纸的编排顺序。图 1-10 为某一实际建筑图图纸编排顺序图例（CAD 图）。

项目名称	住宅			校核	
子项名称	2#住宅　3#住宅　4#住宅　5#住宅			编辑	
目录				专业	建筑
序号	名称	图号	图幅	备注	
1	图纸目录	AWD-00	A4		
2	建筑设计总说明，建筑构造做法一览表	AWD-01	A1		
3	门窗详图、门窗表	AWD-02	A1		
4	地下自行车库层平面图(2#住宅)	AWD-03-A	A1		
5	地下自行车库层平面图(3#住宅)	AWD-03-B	A1		
6	地下自行车库层平面图(4#住宅)	AWD-03-C	A1		
7	地下自行车库层平面图(5#住宅)	AWD-03-D	A1		
8	二层平面图、标准层平面图	AWD-04	A1		
9	十七层平面图、阁楼层平面图	AWD-05	A1		
10	电梯机房层平面图、屋顶层平面图	AWD-06	A1		
11	①～㉔立面图	AWD-07	A1		
12	㉔～①立面图	AWD-08	A1		
13	Ⓐ～Ⓚ立面图　Ⓚ～Ⓐ立面图	AWD-09	A1		
14	1—1剖面图、节点详图	AWD-10	A1		
15	2—2剖面图、3—3剖面图	AWD-11	A1		
16	节点详图、卫生间详图	AWD-12	A1		

图 1-10　某一实际建筑图图纸编排顺序图例（CAD 图）

1.2.4　图纸线宽的特点与要求

图纸线宽一般是从规定的线宽系列中选取的，具体操作中要根据图纸的性质、比例等决定采纳的基本线宽与线宽组。

常见的线宽系列有 1.4mm、1.0mm、0.7mm、0.5mm 等。

常见线宽相应的线宽组见表 1-3。

如果是微缩的建筑图纸，则一般不采用 0.18mm 与更细的线宽。有时同一张图纸，各不同线宽的细线，可统一采用较细的线宽组的细线。另外，有时同一张图纸内，相同比例的各图样，会选用相同的线宽组。

表 1-3　常见线宽相应的线宽组　　　　　　　　　单位：mm

线宽比	线宽组			
b	1.4	1.0	0.7	0.5
$0.7b$	1.0	0.7	0.5	0.35
$0.5b$	0.7	0.5	0.35	0.25
$0.25b$	0.35	0.25	0.18	0.13

注：b 表示为基本线宽。

图纸的图框、标题栏线，一般采用的线宽见表 1-4。

表 1-4　图纸的图框、标题栏线一般采用的线宽　　　　　　单位：mm

幅面代号	图框线	标题栏分格线幅面线	标题栏外框线与对中标志线
A0、A1	b	$0.25b$	$0.5b$
A2、A3、A4	b	$0.35b$	$0.7b$

知识小贴士

实际建筑图图纸线宽应用（CAD 图）举例如图 1-11 所示。

线型说明					
色号	图例	打印线宽	色号	图例	打印线宽
1	——————	0.1	5	——————	0.12
2	——————	0.2	6	——————	0.25
3	——————	0.15	7	——————	0.30
4	——————	0.18	8	——————	0.02

图 1-11　实际建筑图图纸线宽应用（CAD 图）

1.2.5　图线的应用

图线是起点、终点间以任意方式连接的一种几何图形。图线可以是直线、曲线，连续、不连续等特征的线。图纸上常用的图线见表 1-5。

表 1-5　图纸常用的图线

名称		线型	线宽	用　　途
虚线	粗	———————	b	各有关专业制图
	中粗	———————	$0.7b$	不可见轮廓线
	中	———————	$0.5b$	不可见轮廓线、图例线
	细	———————	$0.25b$	图例填充线、家具线

续表

名称		线型	线宽	用　途
实线	粗		b	主要可见轮廓线
	中粗		$0.7b$	可见轮廓线、变更云线
	中		$0.5b$	可见轮廓线、尺寸线
	细		$0.25b$	图例填充线、家具线
双点长划线	粗		b	各有关专业制图
	中		$0.5b$	各有关专业制图
	细		$0.25b$	假想轮廓线、成型前原始轮廓线
单点长划线	粗		b	各有关专业制图
	中		$0.5b$	各有关专业制图
	细		$0.25b$	中心线、对称线、轴线等
波浪线	细		$0.25b$	断开界线
折断线	细		$0.25b$	断开界线

有些图纸，因图形中绘制存在困难，可能会用实线代替单点长划线或双点长划线等特殊情况。

1.2.6　图纸文字的特点与要求

图纸上的文字，一般要求书写的文字、数字、符号均需要笔画清晰、字体端正、排列整齐。图纸文字包括标点符号，也要求清楚、正确。文字、数字、符号一般要求不得与图线重叠、混淆。如果不可避免重叠、混淆时，一般是先保证文字等的清晰。为此，在识读图时遇到该情况，应注意文字优先原则。

一般图纸采用的文字字高见表1-6。图纸文字的字高大于10mm，一般采用的是TrueType字体。如果图纸文字的字高更大，则一般是其高度的$\sqrt{2}$比值递增的。

表1-6　一般图纸采用的文字字高　　　　　　　　单位：mm

字体种类	汉字矢量字体	TrueType字体及非汉字矢量字体
字高	3.5、5、7、10、14、20	3、4、6、8、10、14、20

图样、说明中的汉字，一般是采用TrueType字体中的宋体。图样、说明中的汉字，如果矢量字体，则一般是采用长仿宋体，并且长仿宋体宽度与高度的关系一般符合表1-7的规定。采用长仿宋体的宽高比一般是0.7。采用TrueType字体的宽高比一般是1。

表1-7　长仿宋体宽度与高度的关系　　　　　　　　单位：mm

字高	3.5	5	7	10	14	20
字宽	2.5	3.5	5	7	10	14

图册封面、大标题等的汉字，可采用宽高比为1的其他字体。

图样、说明中的字母、数字，一般采用的是TrueType字体中的Roman字型。

知识小贴士

　　TrueType 字体是由美国苹果公司与微软公司共同开发的一种电脑轮廓字体（曲线描边字）类型标准。该类型字体文件的扩展名是 .ttf，类型代码是 tfil。TrueType 字体既可用于打印输出，也可以用于屏幕展示。TrueType 字体的要求是新标准建筑制图的要求。CAD 中的一些字体设置下拉框如图 1-12 所示。TrueType 字体在软件字体设置中往往带有 T 标志。如果使用的 CAD 软件没有 TrueType 字体，则可以通过手动安装 TrueType 字体库。

图 1-12　CAD 中的一些字体设置下拉框

　　图纸中斜体的拉丁字母、阿拉伯数字、罗马数字，其斜度一般是从字的底线逆时针向上倾斜 75°，并且斜体字的高度与宽度一般也是与相应的直体字相等的，字高一般不小于 2.5mm。正字字与斜体字的比较如图 1-13 所示。

123　*123*

图 1-13　正字与斜体字的比较

　　图纸中的数值一般采用的是正体阿拉伯数字。前面有量值的各种计量单位，一般采用国家颁布的单位符号注写，并且单位符号采用正体字母。图中数量的数值与计量单位的注写要求解说如图 1-14 所示。

　　图纸中的分数、百分数、比例数注写，一般采用阿拉伯数字、数学符号，一般不采用诸如百分之三十五、五分之三、三比一百等文字表述形式。注写要求解说如图 1-15 所示。

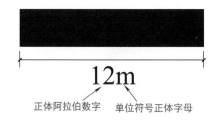

12m

正体阿拉伯数字　单位符号正体字母

一般不采用	一般采用
百分之三十五	35%
五分之三	3/5
三比一百	3:100

图 1-14　图中数量的数值与计量单位的注写要求解说　　　图 1-15　分数、百分数、比例数注写要求解说

图纸中注写的数字小于1时，一般会注写出个位的"0"，并且小数点一般采用圆点，齐基准线注写。

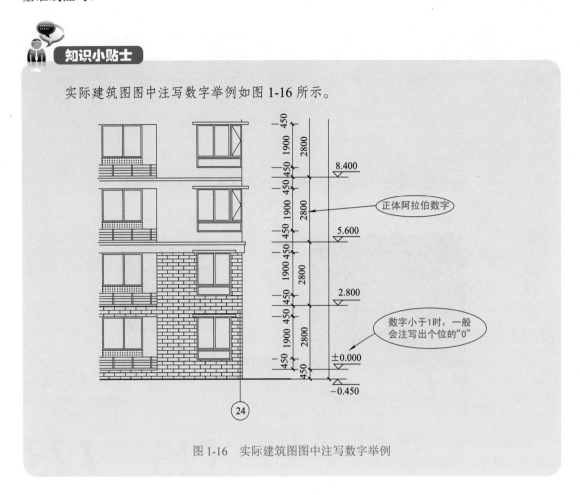

图 1-16　实际建筑图图中注写数字举例

1.2.7　图纸的比例

图纸的比例，一般是图形与实物相对应的线性尺寸之比。图纸比例的大小，一般是指其比值的大小。比例中的"："是比例符号，并且比例符号两边的数字一般采用的是阿拉伯数字。

图纸的比例一般注写在图名的右侧，并且字的基准线是取平的，比例中的字高一般比图名的字高小一号或小二号。

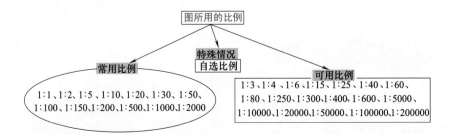

图 1-17　图中常见的比例

图纸所采用的比例，一般是根据图样的用途、被绘对象的复杂程度等情况决定的。图中常见的比例如图 1-17 所示。

实际建筑图比例的特点解读如图 1-18 所示。比例的识读：例如 1 ∶ 100 的比例，表示图纸上 1 个单位的长度表示实物中 100 个单位的长度。

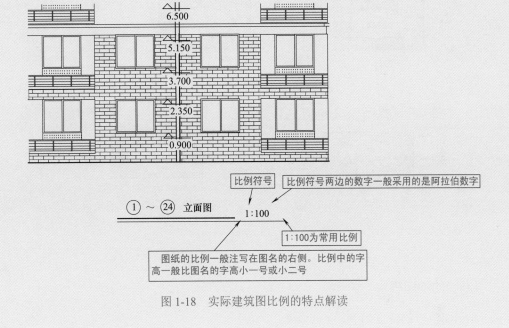

图 1-18　实际建筑图比例的特点解读

1.2.8　剖切与剖切符号

建筑图中需要表达的细节有很多，为此，建筑图常需要借助"剖切"才能够达到表述清晰、完整的目的。

建筑图中，哪些地方采用了"剖切"，可以通过看剖切符号等得知。

识读剖切符号，主要掌握剖切符号的特征，掌握剖切符号表达的剖切方向、剖切区域与剖切详图。

剖切符号的特征如下。

（1）剖切符号一般成对出现，这样便于掌握剖切始点节点与剖切终点节点。

（2）剖切符号一般由剖切位置线、投射方向线组成，并且一般是粗实线绘制的。

（3）剖切位置线的长度一般为 6 ～ 10mm。投射方向线的长度一般为 4 ～ 6mm，也就是短于剖切位置线。投射方向线一般垂直于剖切位置线，如图 1-19 所示。

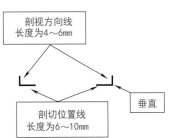

图 1-19　剖切符号的解读

（4）剖切符号一般不应与其他图线相接触。

（5）图中有多个剖视剖切符号，一般会采用阿拉伯数字由左到右、由下到上的顺序连续编排，并且其注写在剖视方向线的端部位置。

（6）图上需要转折的剖切位置线，一般会在转角的外侧加注与该符号相同的编号。

（7）建（构）筑物剖面图的剖切符号，一般标注在 ±0.00 标高的平面图上。

常见剖切符号如图 1-20 所示。

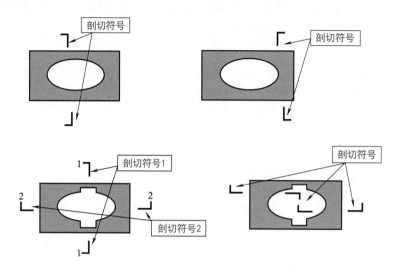

图 1-20　常见剖切符号

1.2.9　断面的剖切符号

断面剖切符号的特点如下。

（1）断面的剖切符号，一般只有粗实线绘制的剖切位置线。断面的剖切符号长度一般为 6～10mm。

（2）图有多个断面剖视剖切符号，一般会采用阿拉伯数字根据顺序连续编排，并且注写在剖切位置线的一侧。编号所在的一侧，一般是该断面的剖视方向。

（3）如果断面图与被剖切图样不在同一张图内，则一般会在剖切位置线的另一侧注明其所在图纸的编号，或者图上集中说明情况。

断面的剖切符号如图 1-21 所示。

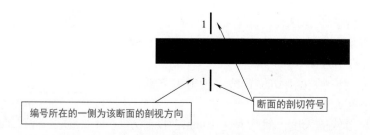

图 1-21　断面的剖切符号

1.2.10　索引符号的特点与识读解读

图纸中某一局部或构件，如果需要另见详图，往往会通过索引符号来索引。索引符号一般是由直径为 8~10mm 的圆与水平直径组成的，并且圆与水平线宽一般为 0.25b。

索引符号的识读解读图例如图 1-22 所示。

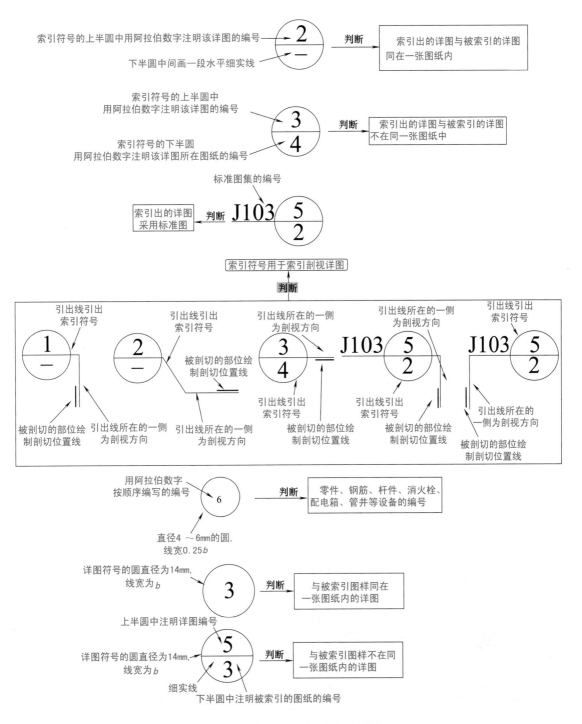

图 1-22　索引符号的识读解读图例

1.2.11 引出线的特点与识读解读

引出线是建筑图中，为了标注尺寸、说明文字等需要而单独绘制的线段。引出线的特点与识读图例如图 1-23 所示。

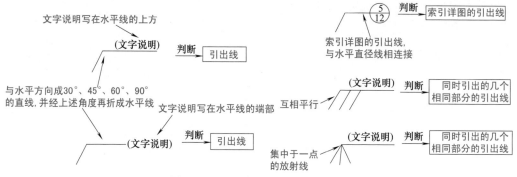

图 1-23 引出线的特点与识读图例

许多建筑图中，有多层引出线。例如多层构造共用引出线、多层管道共用引出线等。识读该类引出线，需要能够判断出不同层对应的文字说明。多层构造引出线的特点与识读解读图例如图 1-24 所示。

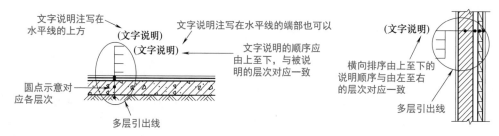

图 1-24 多层引出线的特点与识读解读图例

由于很多建筑图是采用 CAD 等软件绘制的，因此，识读引出线其实需要了解这些软件有关引出线的设置、式样与特点。例如 CAD 等软件引出线的一些特点如图 1-25 所示。

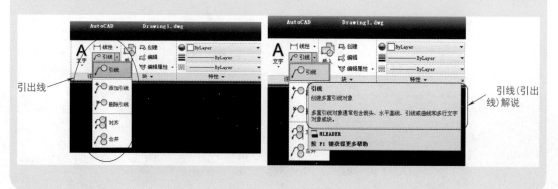

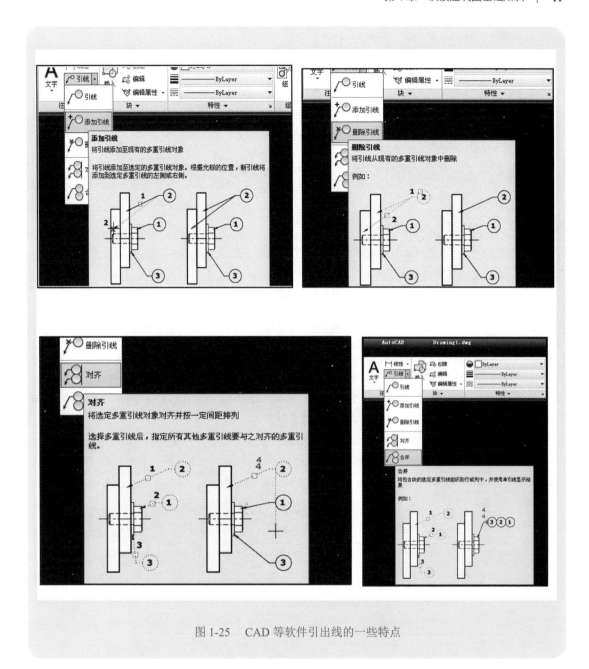

图 1-25　CAD 等软件引出线的一些特点

1.2.12　对称符号的特点与识读解读

当建筑施工图中的图形完全对称时，可以只画出该图形的一半。为此，建筑施工图中应用了对称符号。

对称符号一般是由对称线、两端的两对平行线组成。

对称符号中的对称线一般采用单点长划线。对称符号中的平行线一般采用实线，其长度为 6 ～ 10mm，每对的间距为 2 ～ 3mm。

对称符号中的对称线垂直平分于两对平行线，并且两端一般超出平行线 2 ～ 3mm。

对称符号的特点与识读解读如图 1-26 所示。

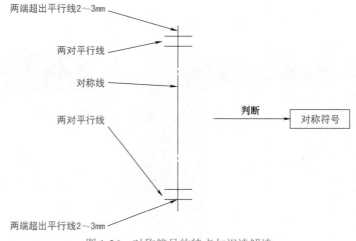

图 1-26　对称符号的特点与识读解读

1.2.13　连接符号的特点与识读解读

建筑施工图中有的构件具有一定变化规律，可以断开绘制，为此需要在断开处应用连接符号。

一般是采用折断线来表示需连接的部位。如果连接两部位相距过远，则许多图会在折断线两端靠图样一侧标注大写英文字母表示连接编号。

两个被连接的图样一般会采用相同的字母编号。

连接符号的特点与识读解读如图 1-27 所示。

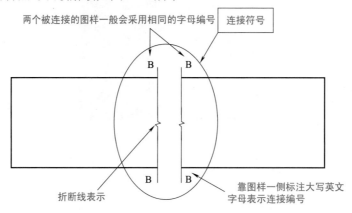

图 1-27　连接符号的特点与识读解读

1.2.14　指北针的特点与识读解读

在建筑总平面图、底层建筑平面图上，一般会画有指北针，用来指明建筑物的朝向。也就是说，在建筑施工图纸上识别东南西北的方法，可以通过看指北针来判断：指北针标有 N 的方向就是北方，然后利用"上北下南左西右东"的原则来辨别其他方向。

另外，风向频率玫瑰图（风玫瑰图）也具有指明建筑物朝向的作用。因此，以前的建筑图上往往只要有两者中的一个即可。不过，目前也有采用风玫瑰图与指北针结合的图标。

指北针的特点与识读解读如图 1-28 所示。

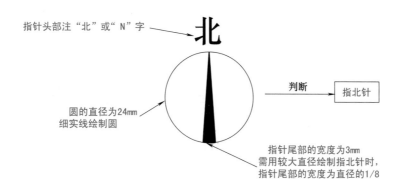

图 1-28　指北针的特点与识读解读

1.2.15　风向频率玫瑰图的特点与识读解读

风向频率玫瑰图也称为风玫瑰图，用来表示该地区常年的风向频率与房屋的朝向，一般是以当地多年平均统计的各个方向吹风次数的百分数为依据，根据一定比例绘制的。

风向频率玫瑰图一般也是根据上北下南方向绘制的，画出 16 个方向的长短线来表示该地区的常年风向频率。其中，虚线表示夏季风向频率，细实线表示冬季风向频率，粗实线表示全年风向频率。

风向频率玫瑰图的特点与识读解读如图 1-29 所示。

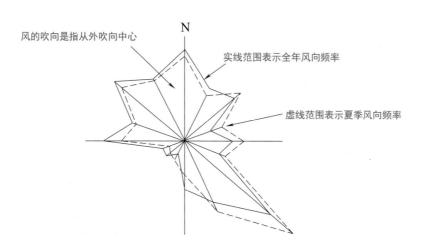

图 1-29　风向频率玫瑰图的特点与识读解读

1.2.16　变更云线的特点与识读解读

有的建筑图需要对局部进行更改，为此可采用变更云线。变更云线中有说明修订版次的数字。

变更云线的特点与识读解读如图 1-30 所示。

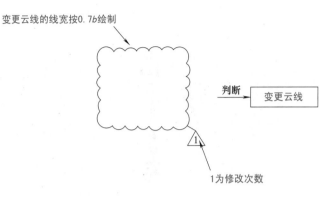

图 1-30　变更云线的特点与识读解读

CAD 软件使用修订云线有两种方法：一种是在 CAD 相应版本的软件工具箱中找到"修订云线"工具按钮进行修订云线操作，如图 1-31 所示；另一种是用命令来使用"修订云线"，也就是在命令行中输入"REVCLOUD"命令，然后点击空格键确认，再绘制修订云线。

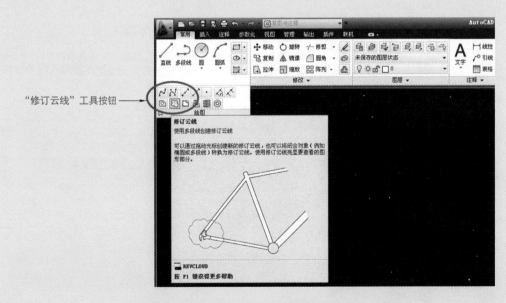

图 1-31　CAD 软件"修订云线"工具按钮进行修订云线操作

1.2.17　定位轴线的特点与识读解读

有的建筑图的主要承重构件（墙、柱、梁）的线、主要结构位置均需要采用定位轴线来确定基准位置。

定位线之间的距离一般要求符合模数尺寸。

除定位轴线以外的网格线称为定位线，可以用来确定模数化构件尺寸。模数化网格可以采用单轴线定位、双轴线定位或二者兼用。

定位轴线上往往有编号，并且编号是有要求与规律的。这些要求与规律，是识图、读图的基础。

定位轴线编号的要求与规律如下。

（1）图样的下方与左侧，横向编号一般是用阿拉伯数字从左到右顺序编写的。竖向编号一般是用大写拉丁字母从下到上顺序编写的。

（2）有的图纸因字母数量不够使用，采用了双字母、单字母加数字注脚等形式表示编号。

（3）有的组合较复杂的平面图中定位轴线采用了分区编号。该类编号的注写形式一般为"分区号 - 该分区定位轴线编号"。该类编号的分区号一般是采用阿拉伯数字或大写拉丁字母表示的。多子项的定位轴线的编号，有的采用"子项号 - 该子项定位轴线编号"，其中子项号一般采用大写英文字母或者阿拉伯数字。

（4）附加定位轴线的编号，一般是采用分数形式表示的，并且两根轴线间的附加轴线，一般以分母表示前一轴线的编号，分子表示附加轴线的编号，编号是根据阿拉伯数字顺序编写的。1 号轴线之前的附加定位轴线的分母，一般是采用 01 表示的；A 号轴线之前的附加定位轴线的分母，一般是采用 0A 表示的。

定位轴线编号识读解读图例如图 1-32 所示。

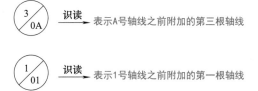

图 1-32　定位轴线编号识读解读图例

（5）看到 I、O、Z 的编号，则往往不是定位轴线编号。因为，定位轴线编号一般不用拉丁字母 I、O、Z 做轴线编号。

（6）通用详图中的定位轴线，一般只有圆，没有轴线编号。

（7）圆形平面图中定位轴线的编号，径向轴线一般是根据逆时针顺序从左下角开始用阿拉伯数字编写的。圆周轴线一般是从外向内用大写拉丁字母顺序编写的。

定位轴线的特点与识读解读如图 1-33 所示。

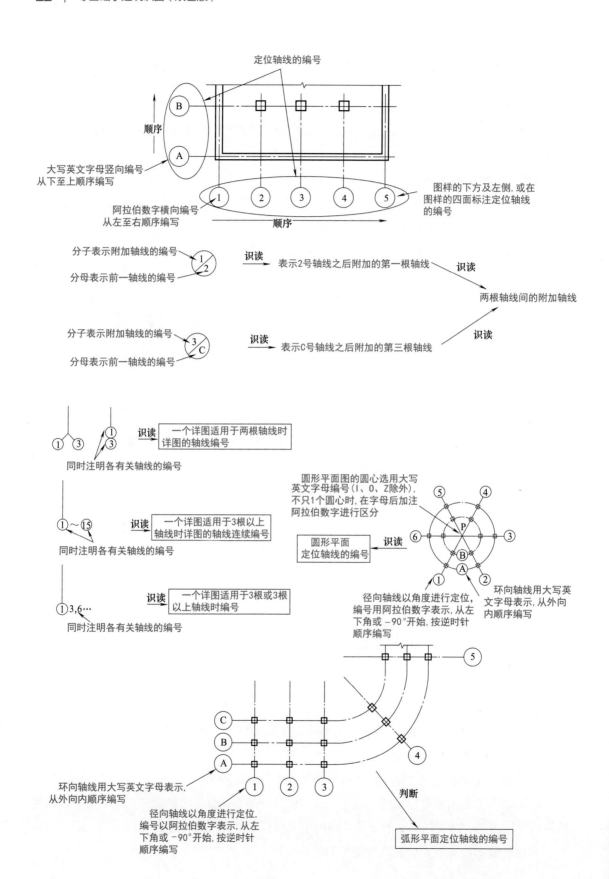

定位轴线的编号

顺序

大写英文字母竖向编号
从下至上顺序编写

阿拉伯数字横向编号
从左至右顺序编写

顺序

图样的下方及左侧，或在
图样的四面标注定位轴线
的编号

分子表示附加轴线的编号
分母表示前一轴线的编号

识读 → 表示2号轴线之后附加的第一根轴线

识读 → 两根轴线间的附加轴线

分子表示附加轴线的编号
分母表示前一轴线的编号

识读 → 表示C号轴线之后附加的第三根轴线

识读 →

同时注明各有关轴线的编号

识读 → 一个详图适用于两根轴线时
详图的轴线编号

同时注明各有关轴线的编号

识读 → 一个详图适用于3根以上
轴线时详图的轴线连续编号

同时注明各有关轴线的编号

识读 → 一个详图适用于3根或3根
以上轴线时编号

圆形平面图的圆心选用大写
英文字母编号（I、O、Z除外），
不只1个圆心时，在字母后加注
阿拉伯数字进行区分

圆形平面
定位轴线的编号 ← 识读

径向轴线以角度进行定位，
编号用阿拉伯数字表示，从左
下角或 -90°开始，按逆时针
顺序编写

环向轴线用大写英
文字母表示，从外向
内顺序编写

环向轴线用大写英文字母表示，
从外向内顺序编写

径向轴线以角度进行定位，
编号以阿拉伯数字表示，从左
下角或 -90°开始，按逆时针
顺序编写

判断

弧形平面定位轴线的编号

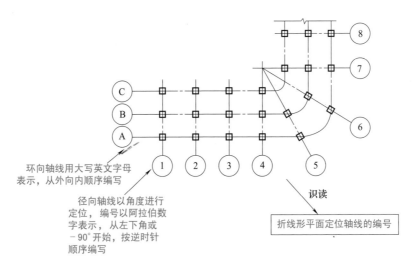

环向轴线用大写英文字母
表示，从外向内顺序编写

径向轴线以角度进行
定位，编号以阿拉伯数
字表示，从左下角或
−90°开始，按逆时针
顺序编写

识读

折线形平面定位轴线的编号

图 1-33　定位轴线的特点与识读解读

定位轴线实物与图纸对应识读，以及平面图的形成如图 1-34 所示。

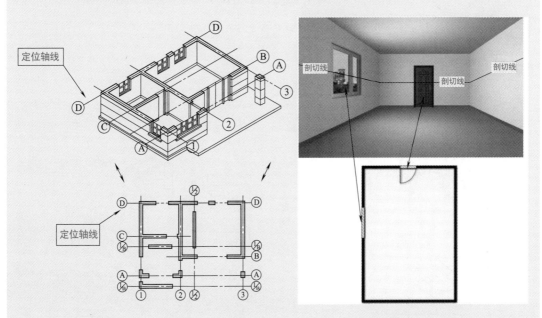

图 1-34　定位轴线实物上与图纸上对应识读，以及平面图的形成

第2章
图样画法与材料图例

2.1 投影法

2.1.1 投影与投影法概述

用一组光线将物体的形状投射到一个平面上去，称为投影，在该平面上得到的图像也称为投影。最初的、一般的建筑图是绘制在纸样上的，往往是平面的。后来，一些建筑图采用了电子媒介建模、实现了立体化。但是，纸样的建筑图是模型图的基础。

投影也是指图形的影子投到一个面或一条线上。

日常生活中，物体在太阳光的照射下在地面或墙上形成的影子也就是平行投影。另外，物体在灯泡发出的光照射下形成的影子为中心投影。其中，地面或墙上就是投影面，照射光线就是投影线。人们利用该种日常现象，总结抽象出在平面上表达空间物体的形状、大小的方法称为投影法。

知识小贴士

投影的图解理解如图 2-1 所示。为了更好地理解各建筑投影，需要投影能够表现出物体各部分的组成轮廓。影子只能够表现出物体整体轮廓。所以，建筑工程中的影子与投影是有区别的。

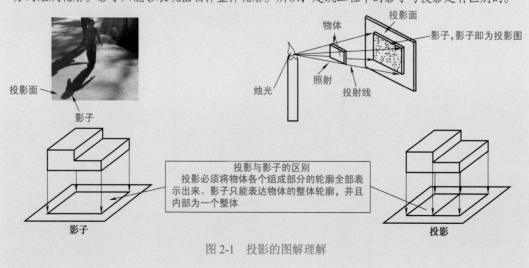

图 2-1　投影的图解理解

2.1.2　投影法分类

前面提到过平行投影、中心投影，其实这就是投影法的分类。

中心投影法是从投影中心发射投射线对物体作投影的一种方法。中心投影法所得的投影图为中心投影图，通常称作为透视图。

平行投影法是用相互平行的投射线对物体作投影的一种方法。根据投射线与投影面的角度关系，平行投影法又可以分为正投影法、斜投影法。

中心投影法因光点为一点，所以形成的投影图往往不能真实反映物体的大小。平行投影法中光照线相互平行，可以在假设为光点非常远的中心投影法。平行投影法因光照线相互平行，形成的投影图能够真实反映物体的大小。

知识小贴士

简单地讲，中心投影法就是点光照射，平行投影法就是平光照射，如图 2-2 所示。

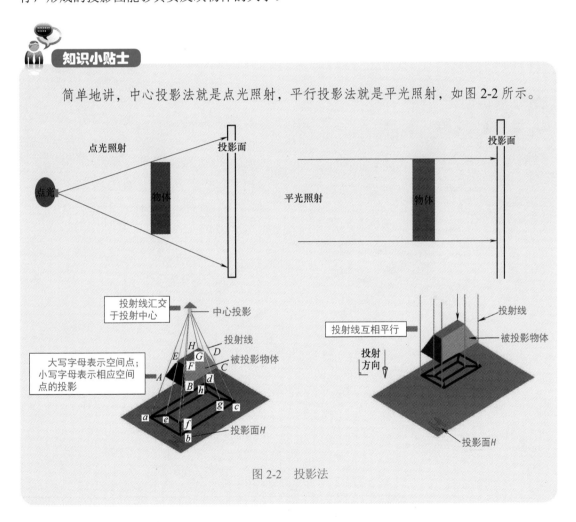

图 2-2　投影法

2.1.3　正投影法与斜投影法

正投影法就是相互平行的投射线垂直于投影面。正投影法画得的图形称作正投影图。

斜投影法就是相互平行的投射线倾斜于投影面。

总之，正投影法与斜投影法的区别就是平行光垂直于投影面，还是平行光倾斜于投影面，如图 2-3 所示。

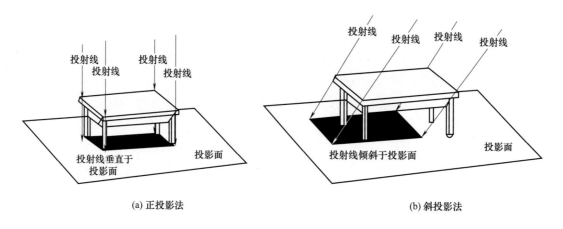

(a) 正投影法   (b) 斜投影法

图 2-3   正投影法与斜投影法的区别

知识小贴士

某建筑正投影图如图 2-4 所示。

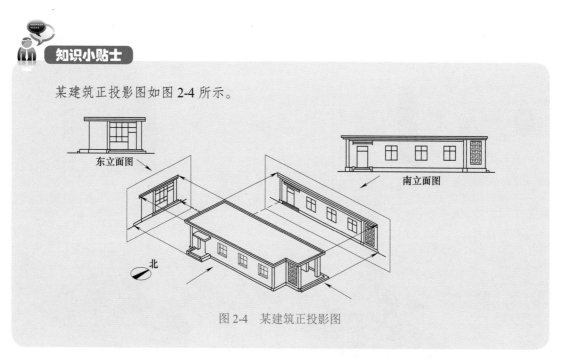

图 2-4   某建筑正投影图

正投影的基本特性见表 2-1。

表 2-1   正投影的基本特性

名称	解　说
从属性	从属性就是投影结果仍保留其原有从属关系不变。例如如果点在直线上，则该点的投影必定在直线的投影上
积聚性	平行于投射线（垂直于投影面）的平面图形，其投影积聚为一直线。平行于投射线（垂直于投影面）的空间直线，其投影积聚为一个点
可量性	当空间的平面图形平行于投影面时，其投影反映空间平面图形的真实形状、大小。 当空间线段平行于投影面时，其投影反映空间线段的方向、实长

名称	解　说
类似性	倾斜于投影面的空间线段，其投影仍为线段，但是投影线长度（在正投影中）短于空间线段的实长。倾斜于投影面的平面图形，其投影为原平面图形的类似形
平行性	空间平行两直线的投影仍保持互相平行的关系
同素性	同素性就是投影结果仍保留其原有几何元素的特性。例如点的投影仍是点，直线的投影一般情况下仍是直线

正投影的一些基本特性如图 2-5 所示。

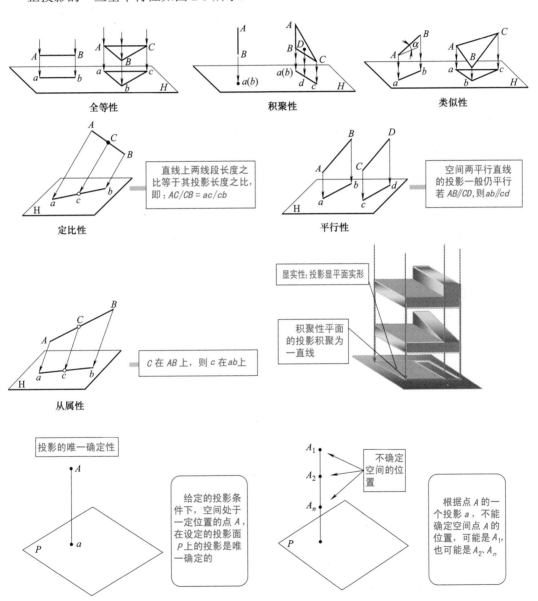

图 2-5　正投影的一些基本特性

2.1.4　为什么要用多面正投影法

为什么要用多面正投影法，这是因为单个投影不能够判断物体的空间性质（形状、大小），如图 2-6 所示。也就是说，依靠单个投影的平面图不能够判断出物体的完整的、必要的实际空间。这样，达不到看图知物的目的，也就是得不到所要掌握的信息。为此，需要多面正投影法。

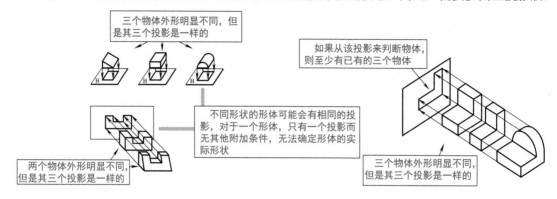

图 2-6　单个投影不能够判断物体的空间（形状、大小）的图例

有时候两个投影也不能够判断物体的空间性质（形状、大小），如图 2-7 所示。因此，需要采用多面正投影法，即投影面体系，如图 2-8 所示。

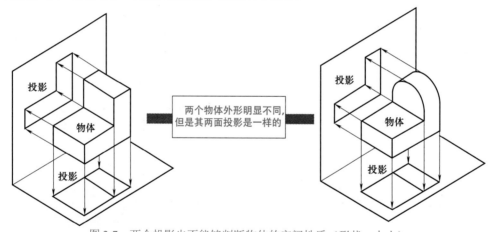

图 2-7　两个投影也不能够判断物体的空间性质（形状、大小）

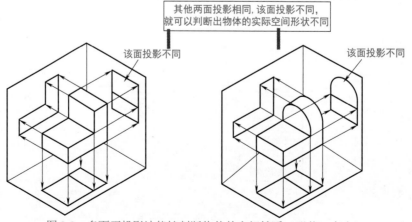

图 2-8　多面正投影法能够判断物体的空间性质（形状、大小）

2.1.5　三视图与三视图的形成

三投影面体系的特点如图 2-9 所示。

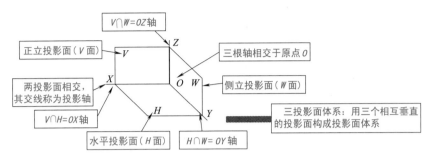

图 2-9　三投影面体系的特点

三视图的形成是根据物体在三投影面体系形成的投影面，然后把投影面展开成三面均在平面上的形式，具体特点图解如图 2-10 所示。

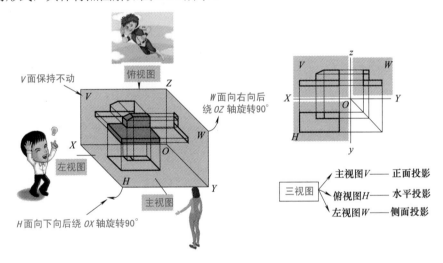

图 2-10　三视图的形成

实际的三视图，一般会去掉坐标线。三视图具有对应的度量关系，具体如图 2-11 所示。

图 2-11　三视图具有对应的度量关系

2.1.6　标高投影

标高投影的特点与形成图解如图 2-12 所示。

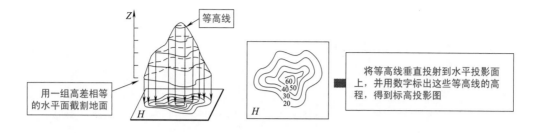

图 2-12　标高投影的特点与形成图解

2.1.7　镜像投影法

镜像投影法的特点图解如图 2-13 所示。房屋建筑的视图，当视图用第一角画法绘制不易表达时，有的图纸会用镜像投影法绘制。

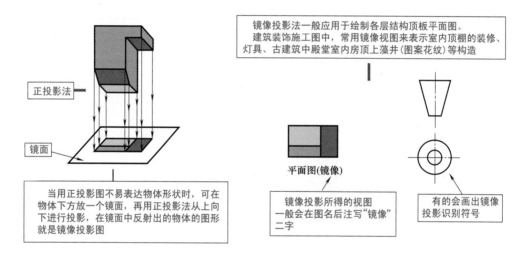

图 2-13　镜像投影法的特点图解

2.2　图样画法

2.2.1　房屋建筑的六面视图

房屋建筑的视图，一般是根据正投影法并用第一角画法绘制的。房屋建筑的六面视图为正立面图、平面图、左侧立面图、右侧立面图、底面图、背立面图。

房屋建筑的六面视图图解视角如图 2-14 所示。

2.2.2　视图布置的识读

如果同一张图纸上有若干个视图，则视图的位置顺序一般会根据一定的规律排布。每个视图的图名，可以根据标注的图名来识读。

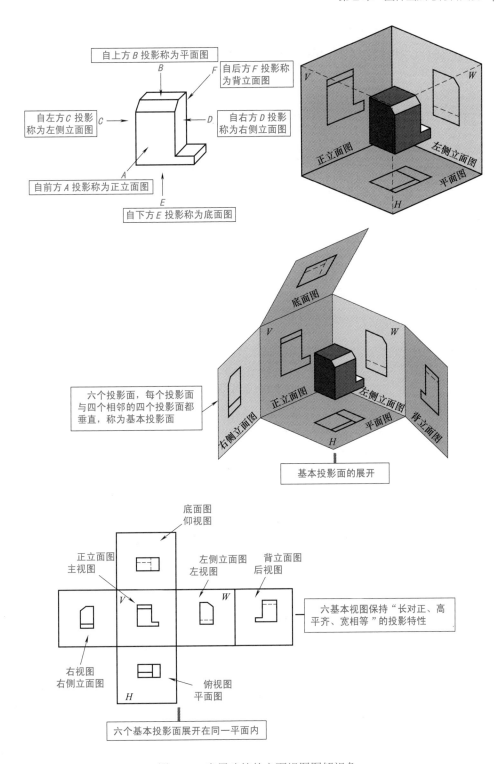

图 2-14　房屋建筑的六面视图图解视角

视图的图名，一般标注在视图的下方或一侧，并且视图的图名下会用粗实线绘一条横线。

同一视图有多个图名，则一般会采用编号区别。

图纸使用详图符号作图名时，则符号下一般不再画线。

视图布置的特点与识读要点如图 2-15 所示。

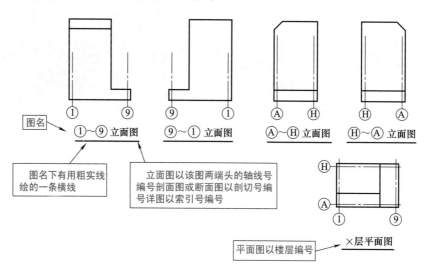

图名下有用粗实线绘的一条横线

立面图以该图两端头的轴线号编号剖面图或断面图以剖切号编号详图以索引号编号

平面图以楼层编号

图 2-15　视图布置的特点与识读要点

如果是分区绘制的建筑平面图，则一般会有组合示意图，指出该区在建筑平面图中的位置。另外，一般还会有关键部位的轴号。

识读时，可以根据各分区视图的分区部位、编号一致，以及与组合示意图一致的特点来掌握有关信息，如图 2-16 所示。

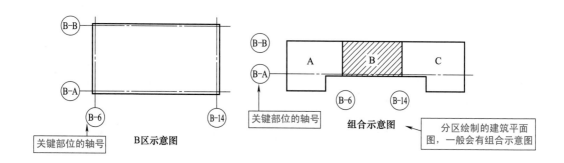

图 2-16　分区绘制的建筑平面图的特点与识读

同一工程不同专业的总平面图，在图纸上的布图方向一般是一致的。单体建（构）筑物平面图在图纸上的布图方向，有时可以与其在总平面图上的布图方向不一致，但是该情况一般会有标明的方位。

不同专业的单体建（构）筑物平面图，在图纸上的布图方向一般是一致的。

建（构）筑物的某些部分，在画立面图时，可能是将该部分展到与投影面平行，再以正投影法绘制的。读该类图时，一般会发现该类图在图名后注写了"展开"字样。

识读建筑吊顶灯具、风口等布置图时，需要注意该类一般是采用反映在地面上的镜面图，而不是仰望图。

2.2.3 剖面图

识读剖面图，能够了解物体、建筑的内部的结构、构造方式等特点。剖面图的形成如图 2-17 所示。

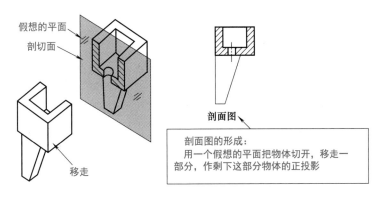

图 2-17 剖面图的形成

识读剖面图时，注意其与断面图的表达差异：剖面图除了画出剖切面切到部分的图形外，一般还要画出沿投射方向看到的部分，被剖切面切到部分的轮廓线一般是采用 0.7*b* 线宽实线绘制的。剖切面没有切到但是沿投射方向可以看到的部分一般是采用 0.5*b* 线宽实线绘制的。断面图一般只采用 0.7*b* 线宽实线画出剖切面切到部分的图形。

　　剖面图与断面图的差异，简单地讲，断面图只画了剖切面切到的部分，是面的投影。剖面图不仅画出了剖切面切到的部分，还画出了投射方向看到的部分，是体的投影。

剖面图有不同的类型，也就是采用不同的方法剖切得到的剖面图，常见的剖面图如图 2-18 所示。

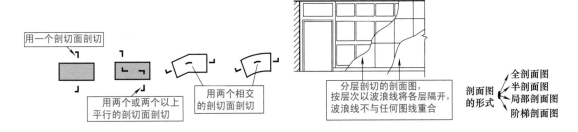

图 2-18 常见的剖面图

如果图纸是用 2 个或 2 个以上平行的剖切面剖切，以及用 2 个相交的剖切面剖切的，则一般会在图名后注明"展开"字样。

知识小贴士

阶梯剖面图也就是经过多个呈阶梯形式的剖切面的剖切得到的图纸。某一实物的阶梯剖面图对照如图 2-19 所示。

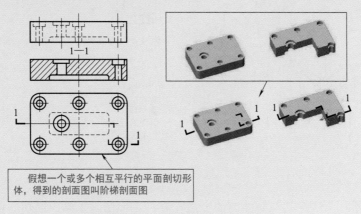

假想一个或多个相互平行的平面剖切形体，得到的剖面图叫阶梯剖面图

图 2-19　某一实物的阶梯剖面图对照

其他一些剖面图图解如图 2-20 所示。

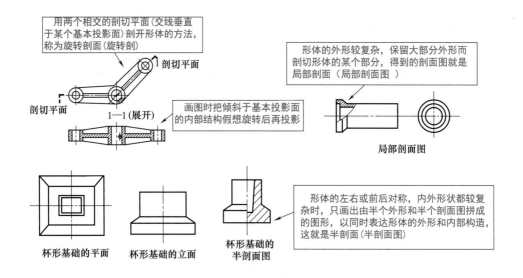

图 2-20　其他一些剖面图图解

2.2.4　断面图

断面图与剖面图相比，在表达带有洞、槽等的结构时，更为简单、明确，如图 2-21 所示。

断面图的类型如图 2-22 所示。

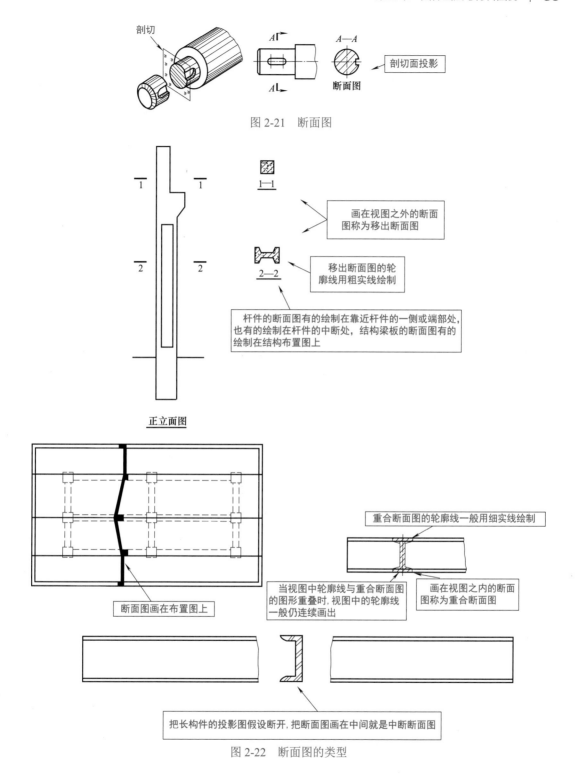

图 2-21　断面图

图 2-22　断面图的类型

2.2.5　简化画法的识读

一些图纸采用了简化画法,因此,识读时需要能够"以此知整体"的全局转换能力。常见的简化画法如图 2-23 所示。

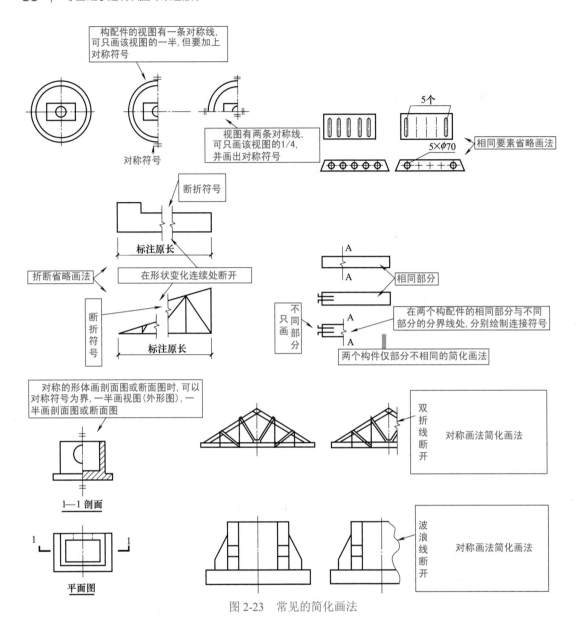

图 2-23　常见的简化画法

2.2.6　轴测图

轴测图的形成图解如图 2-24 所示。

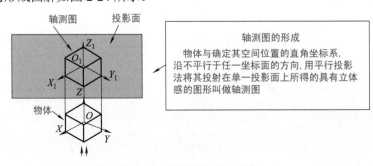

图 2-24　轴测图的形成图解

知识小贴士

前面讲过正投影图，现把轴测图与正投影图放在一起比较，其差异就很容易理解，具体如图 2-25 所示。

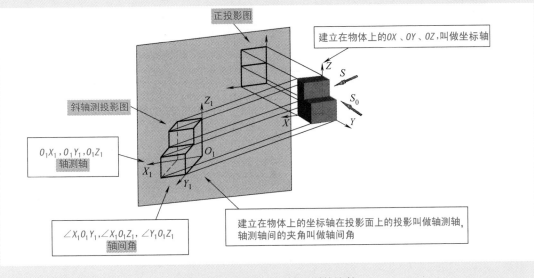

图 2-25 轴测图与正投影图的比较

轴测图的类型见表 2-2。

表 2-2 轴测图的类型

斜轴测图		两面轴测图	正轴测图		
立面斜轴测图	水平斜轴测图		正等测图	正二测图	正三测图
正立面反映实形	顶面反映实际形状	仅表现两个面，缺乏立体感	三个面变形程度一致	两个面变形程度一致，第三个不同	逼真

轴测图的类型，其实就是根据轴向变形系数（轴向伸缩系数）来分类的。轴向变形系数与轴向角是绘制轴测图的两组基本参数。

轴向变形系数的定义与轴测图的类型图解如图 2-26 所示。可以利用轴向变形系数控制轴向投影的大小变化。

轴测图的断面上，一般会画出其材料图例线，并且其图例线是根据其断面所在坐标面的轴测方向绘制的。以 45° 斜线为材料图例线绘制的图如图 2-27 所示。

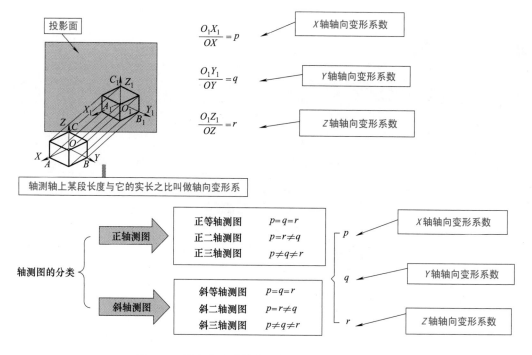

图 2-26　轴向变形系数的定义与轴测图的类型图解

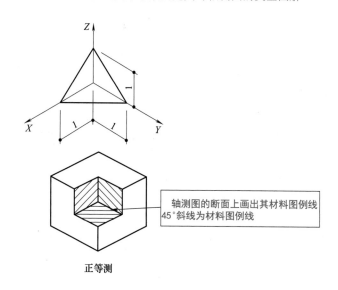

图 2-27　以 45° 斜线为材料图例线绘制的图

　　房屋建筑的轴测图，一般是采用正等测投影并且是简化轴向变形系数绘制的，也就是 $p=q=r=1$ 的轴测图，图例如图 2-28 所示。

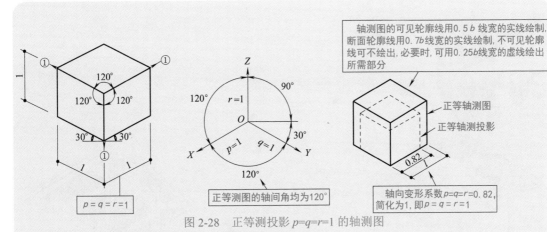

图 2-28 正等测投影 $p=q=r=1$ 的轴测图

轴向角不同的立面斜轴测图图例如图 **2-29** 所示。

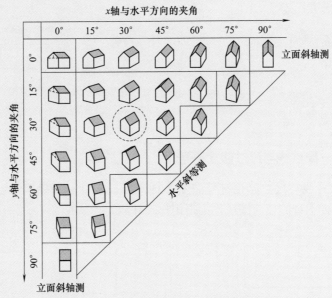

图 2-29 轴向角不同的立面斜轴测图图例

轴测图应用类型图例如图 **2-30** 所示。

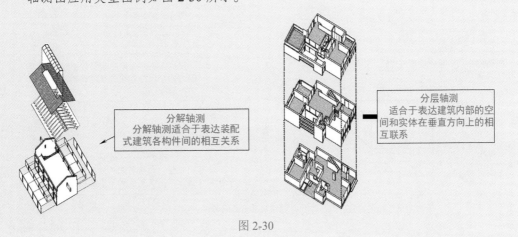

图 2-30

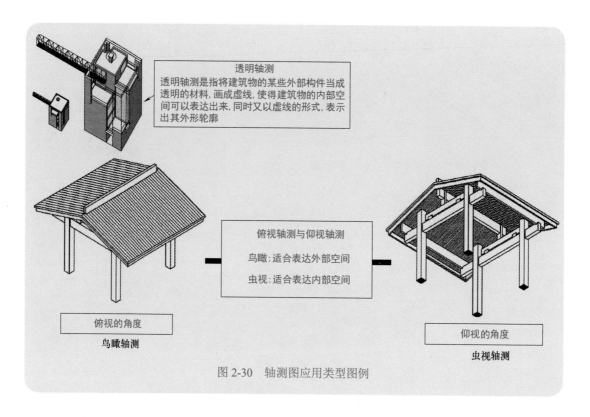

图 2-30　轴测图应用类型图例

2.2.7　尺寸界线、尺寸线与尺寸起止符号

尺寸界线、尺寸线与尺寸起止符号如图 2-31 所示。尺寸线一般用细实线绘制，并且与被注长度平行。图样本身的任何图线均不得用作尺寸线。

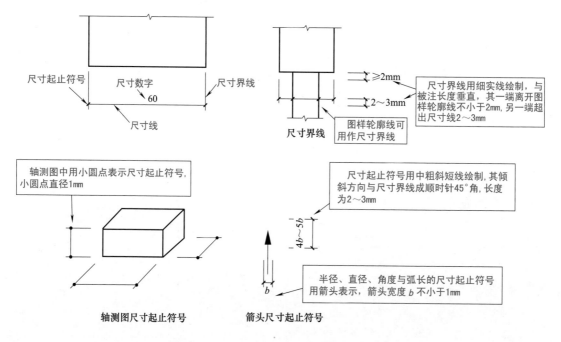

图 2-31　尺寸界线、尺寸线与尺寸起止符号

2.2.8　尺寸数字特点与注写要求

识读图上的尺寸数字时，需要注意图样上的尺寸，应以尺寸数字为准，不得从图上直接量取。

建筑图样上的尺寸单位，一般除了标高、总平面图以米（m）为单位外，其他一般是以毫米（mm）为单位。具体需要看图的标注与说明。

图纸上的尺寸数字，一般特点与注写要求如图 2-32 所示。

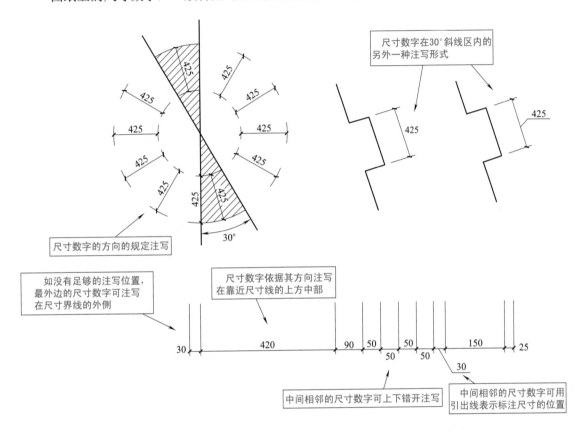

图 2-32　图纸上的尺寸数字一般特点与注写要求

2.2.9　尺寸的排列与布置要求

图纸上的尺寸一般标注在图样轮廓以外，不会与图线、文字及符号等相交。

图纸上的互相平行的尺寸线，一般从被注写的图样轮廓线由近向远整齐排列，较小尺寸离轮廓线较近，较大尺寸离轮廓线较远。

图样轮廓线以外的尺寸界线，距图样最外轮廓之间的距离，一般的图不小于10mm。平行排列的尺寸线的间距，一般的图为 7 ～ 10mm，并且是一致的。

总尺寸的尺寸界线一般靠近所指部位，有些图中中间的分尺寸尺寸界线的标注稍短，但是其长度往往是相等的。

尺寸的排列与布置要求图解如图 2-33 所示。

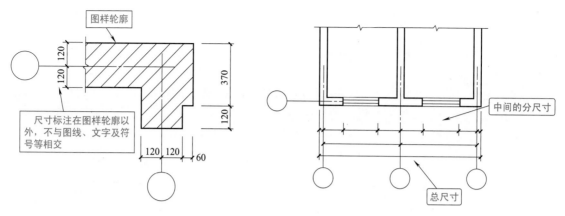

图 2-33 尺寸的排列与布置要求图解

2.2.10 半径、直径、球尺寸标注的要求

半径尺寸标注的要求如图 2-34 所示。

直径尺寸标注的要求如图 2-35 所示。

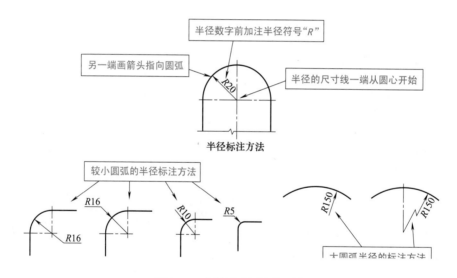

图 2-34 半径尺寸标注的要求

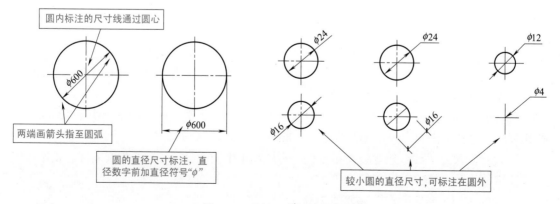

图 2-35 直径尺寸标注的要求

球的半径尺寸的标注，一般会在尺寸前加注符号"SR"。

球的直径尺寸的标注，一般会在尺寸数字前加注符号"Sφ"。

球的半径、直径注写方法与圆弧半径、圆的直径尺寸标注方法基本是一样的。

2.2.11　角度、弧度、弧长标注的要求

角度标注的要求如图 2-36 所示。

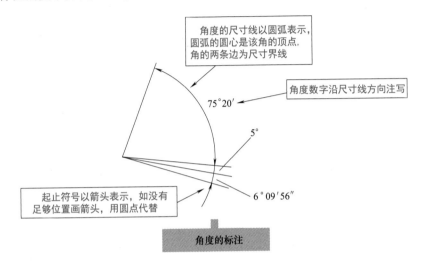

图 2-36　角度标注的要求

圆弧的弧长标注，尺寸线一般以与该圆弧同心的圆弧线表示，尺寸界线是垂直于该圆弧的弦，起止符号一般用箭头表示，弧长数字上方一般加有圆弧符号"⌒"。

另外，圆弧的弧长标注还有一种方式：尺寸线以平行于该弦的直线（弦长）表示，尺寸界线是垂直于该弦的，并且起止符号常用中粗斜短线来表示。

圆弧的弧长标注图解如图 2-37 所示。

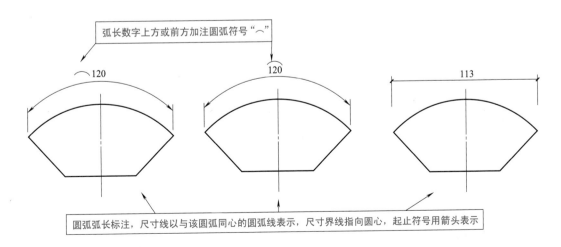

图 2-37　圆弧的弧长标注图解

2.2.12　简化标注尺寸的识读

简化标注尺寸的识读如图 2-38 所示。

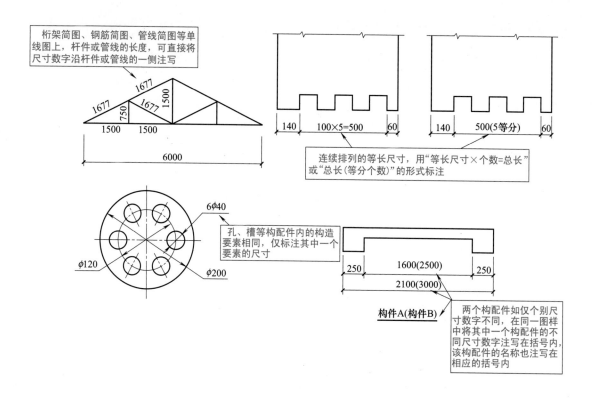

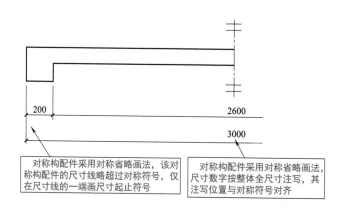

图 2-38　简化标注尺寸的识读

2.2.13　其他尺寸标注

其他尺寸标注图解如图 2-39 所示。

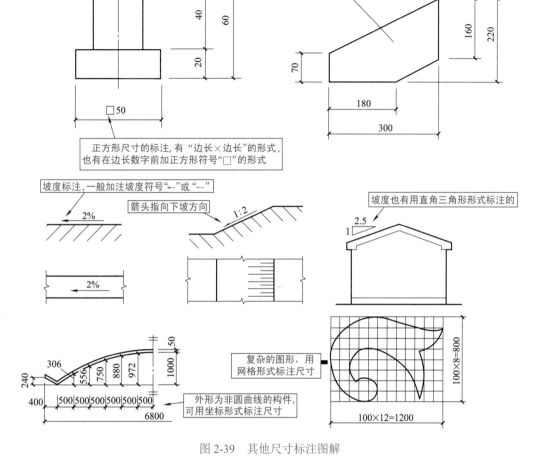

图 2-39 其他尺寸标注图解

2.2.14 标高的识读

标高是为了区分建筑物的不同高度，主要用来控制建筑物的高度与高度准确度。
标高的识读图解如图 2-40 所示。

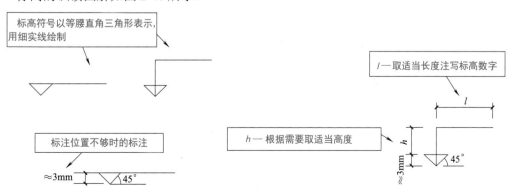

图 2-40

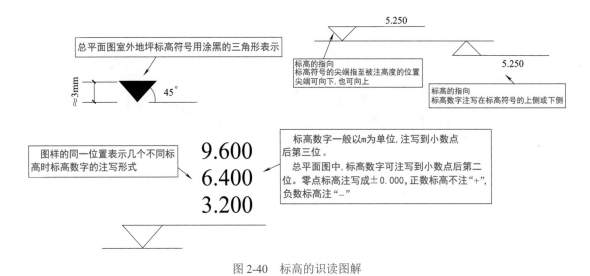

图 2-40　标高的识读图解

2.3　材料图例

2.3.1　建筑材料图例的特点

建筑材料图例的特点如下。

（1）不同品种的同类材料使用同一图例时，则一般会在图上附加必要的说明。

（2）两个相同的图例相接时，图例线一般是错开或者使用倾斜方向相反的线。

（3）两个相邻的涂黑图例间，一般会留有空隙，宽度不小于 0.7mm。

（4）一张图纸内的图样只用一种图例时，则该图纸往往没有图例，只有文字说明。

（5）图纸的图形较小无法画出建筑材料图例时，则该图纸往往没有图例，只有文字说明。

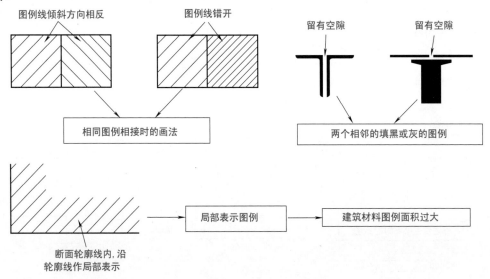

图 2-41　建筑材料图例的特点图解

（6）当图纸需画出的建筑材料图例面积过大时，则有的是在断面轮廓线内，沿轮廓线作局部表示。

（7）当图纸有自编图例时，则往往会在适当位置画出该材料图例，还要给予相关说明。建筑材料图例的特点图解如图 2-41 所示。

2.3.2　常用建筑材料的图例

常用建筑材料的图例识读如表 2-3 所列。

表 2-3　常用建筑材料的图例

图例	图例说明	备　注
	防水材料	
	防水材料	构造层次多或绘制比例大时的图例
	粉刷	
	实心砖、多孔砖	包括普通砖、多孔砖、混凝土砖等砌体
	耐火砖	包括耐酸砖等砌体
	空心砖、空心砌块	包括空心砖、普通或轻骨料混凝土小型空心砌块等砌体
	加气混凝土	包括加气混凝土砌块砌体、加气混凝土墙板及加气混凝土材料制品等
	饰面砖	包括铺地砖、玻璃马赛克、陶瓷锦砖、人造大理石等
	焦渣、矿渣	包括与水泥、石灰等混合而成的材料
	混凝土	
	钢筋混凝土	
	自然土壤	包括各种自然土壤
	夯实土壤	
	砂、灰土	
	砂砾石、碎砖三合土	
	石材	
	毛石	
	多孔材料	包括水泥珍珠岩、沥青珍珠岩、泡沫混凝土、软木、蛭石制品等

续表

图例	图例说明	备　注
	纤维材料	包括矿棉、岩棉、玻璃棉、麻丝、木丝板、纤维板等
	泡沫塑料材料	包括聚苯乙烯、聚乙烯、聚氨酯等多聚合物类材料
	木材	垫木、木砖或木龙骨横断面
	木材	垫木、木砖或木龙骨纵断面
	胶合板	注明 × 层胶合板
	石膏板	包括圆孔或方孔石膏板、防水石膏板、硅钙板、防火石膏板等
	金属	包括各种金属，图形较小时，填黑或深灰（灰度70%）
	网状材料	包括金属、塑料网状材料，注明具体材料名称
	液体	注明具体液体名称
	玻璃	包括平板玻璃、磨砂玻璃、夹丝玻璃、钢化玻璃、中空玻璃、夹层玻璃、镀膜玻璃等
	橡胶	
	塑料	包括各种软、硬塑料、有机玻璃等

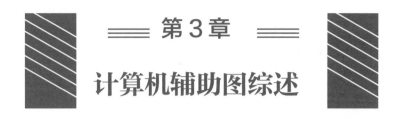

第3章

计算机辅助图综述

3.1 文件

3.1.1 图库文件与工程模型文件概述

工程图纸是根据投影原理或有关规定绘制在纸介质或者其他介质上的，通过线条、符号、文字说明、其他图形元素表示工程形状、大小、结构等特征的一种图形。

计算机辅助设计文件是利用计算机辅助设计（Computer Aided Design，CAD）技术绘制的，记录、存储工程图纸所表现的各种设计内容的一种数据文件。

计算机辅助制图文件分为图库文件、工程计算机辅助制图文件。其中，图库文件就是可以在一个以上的工程中重复使用的计算机辅助制图文件。图库文件、文件夹，一般根据分类进行命名、目录分级。

另外，图库文件、文件夹的名称，常使用英文字母、数字与连字符"-"的组合。

工程计算机辅助制图文件，一般包括工程模型文件、工程图纸文件、其他计算机辅助制图文件。

计算机辅助制图文件命名、文件夹（文件目录）构成一般采用统一的规则。

工程模型文件是工程的二维或三维数字模型，一般采用建筑物的实际尺寸。

3.1.2 工程模型文件的命名

工程模型文件命名的一些规则如下。

（1）二维工程模型文件 二维工程模型文件一般是根据不同的工程、专业、类型进行命名的，并且往往是根据平面图、立面图、剖面图、大比例视图、详图、清单、简图等顺序编排。

（2）三维工程模型文件 三维工程模型文件一般是根据不同的工程、专业（含多专业）进行命名的。

（3）工程模型文件名称 工程模型文件名称一般使用英文字母、数字、连字符"-"的组合。同一工程中的工程模型文件名称，往往使用统一的工程模型文件命名规则。

（4）二维工程模型文件名称 二维工程模型文件名称一般由工程代码、专业代码、类型代码、用户定义代码、文件扩展名等组成，如图 3-1 所示。

二维工程模型文件命名的项目的特点见表 3-1。

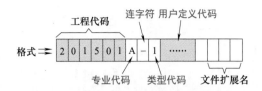

图 3-1 二维工程模型文件名称组成

表 3-1 二维工程模型文件命名的项目的特点

名称	特　点
工程代码	工程代码一般是用于说明工程、子项或区段，并且往往用 2～9 个字符与数字组成
工程代码与用户定义代码	工程代码与用户定义代码是可选项，专业代码与类型代码间一般会用连字符"-"分隔开，用户定义代码与文件扩展名间一般用小数点"."分隔开
类型代码	类型代码一般用于说明工程模型文件的类型，并且往往只有 1 个字符，根据需要加一位数字作为细化类型代码
用户定义代码	用户定义代码一般会用于用户自行描述工程模型文件，一般使用英文字母、数字或汉字的组合
专业代码	专业代码一般是用于说明专业类别，并且往往用 1 个字符表示

常见的英文专业代码名称见表 3-2。

表 3-2 常见的英文专业代码名称

专业	专业代码名称	英文专业代码名称	说明
通用	—	C	—
总图	总	G	含总图、景观、测量／地图、土建
建筑	建	A	—
结构	结	S	—
给水排水	给水排水	P	—
暖通空调	暖通	H	含采暖、通风、空调、机械
	动力	D	—
电气	电气	E	—
	电讯	T	—
消防	消防	F	—
人防	人防	R	—
室内设计	室内	I	—
园林景观	景观	L	园林、景观、绿化

3.1.3　图纸文件的命名

工程图纸文件与纸介质工程图纸一般是一一对应的，并且与工程图纸编号是一致的。工程图纸文件命名的规则如下。

（1）工程图纸命名规则具有一定的逻辑关系，便于识别、检索等操作。

（2）工程图纸文件，一般是根据不同的工程、子项或分区、工程图纸编号、版本、用户说明等进行组织、安排的。

（3）工程图纸文件名称，一般使用汉字、英文字母、数字、连字符"-"等的组合。

（4）在同一工程中，工程图纸文件的名称格式往往是统一的，工程图纸文件名的格式一般是保持不变的。

（5）工程图纸文件名称，一般是由工程代码、子项或分区代码、工程图纸编号、版本代码及版本序列号、用户说明或代码和文件扩展名等组成，如图 3-2 所示。

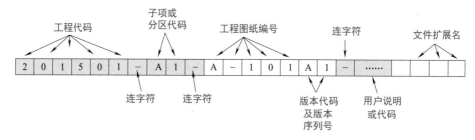

图 3-2　工程图纸文件名称

工程图纸文件名称项目的特点见表 3-3。

表 3-3　工程图纸文件名称项目的特点

名称	特　点
版本代码	版本代码一般用于区别不同的图纸版本，并且往往由 1 个英文字符表示
版本序列号	版本序列号一般用于标识该版本图纸的版次，并且往往由 1～9 间的任意 1 位数字表示
工程代码	工程代码是用户机构对工程的编码，一般使用数字，由用户根据各自的要求自行编排。当工程图纸文件夹名称中已经包含工程代码时，工程图纸文件中则有的图纸省略
可选项	工程代码、子项或分区代码、版本代码及版本序列号、用户说明或代码等项一般为可选项
小数点后的文件扩展名	小数点后的文件扩展名一般由创建工程图纸文件的计算机辅助制图软件定义
用户说明或代码	用户说明或代码一般用于用户自行描述该工程图纸文件，并且使用汉字、英文字母、数字的组合
用连字符"-"分隔开项	（1）子项或分区代码、工程图纸编号间，一般用连字符"-"分隔开。 （2）版本代码、版本序列号、用户说明或代码间，一般用连字符"-"分隔开
用小数点"."分隔开项	用户说明或代码与文件扩展名间，一般用小数点"."分隔开
子项或分区代码	子项或分区代码一般用于说明工程的子项或区段，往往使用英文字母或数字，由用户根据各自要求自行编排，并且往往采用 1～2 个字符的组合。当工程图纸文件夹名称中已经包含子项或分区代码时，则有的工程图纸文件中省略了

常用版本代码见表 3-4。

表 3-4　常用版本代码

版本	版本代码名称	英文版本代码名称	说　明
部分修改	补	R	部分修改，或提供对原图的补充，原图仍使用
全部修改	改	X	全部修改，取代原图
分阶段实施	阶	P	预期分阶段作业的图纸版本
自定义过程	自	Z	设计阶段根据需要自定义增加的

3.1.4 工程图纸的编号

工程图纸编号是用于表示图纸的图样类型、排列顺序的编号，也就是图号。工程图纸编号一般与交付的纸质工程图纸是一一对应的，并且标注在标题栏的图号区。

工程图纸编号的规则如下。

（1）工程图纸一般是根据不同的专业、阶段、类型进行编排，并且往往是根据图纸目录、说明、平面图、立面图、剖面图、大比例视图、详图、清单、简图等顺序编号。

（2）工程图纸编号一般是使用汉字或英文字母、数字和连字符"-"的组合。

（3）在同一工程中，一般会使用统一的工程图纸编号格式，并且工程图纸编号往往保持不变。

工程图纸编号，一般是由专业代码、阶段代码、类型代码、序列号等组成，工程图纸编号格式规定如图 3-3 所示。

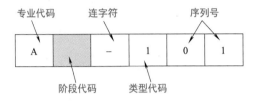

图 3-3　工程图纸编号格式规定

工程图纸编号格式一些项目的特点见表 3-5。

表 3-5　工程图纸编号格式一些项目的特点

名称	特　点
类型代码	类型代码一般用于区别不同的设计阶段，并且往往用 1 个字符表示
阶段代码	阶段代码一般是可选项，并且专业代码、阶段代码与类型代码、序列号间是采用连字符"-"分隔开的
序列号	序列号一般是用于标识同一类型图纸的顺序，根据图纸量由 2～3 位数字组成，每个类型代码的第一张图纸编号为 01，后面为 02~99，并且序列号往往是连续的
专业代码	专业代码一般是用于说明专业类别，并且往往用 1 个字符组成

常见的类型代码见表 3-6。

表 3-6　常见的类型代码

工程图纸文件类型	类型代码名称	数字类型代码
图纸目录	目录	0
设计总说明	说明	0
平面图	平面	1
立面图	立面	2
剖面图	剖面	3
大样图（大比例视图）	大样	4
详图	详图	5
清单	清单	6
简图	简图	6
用户定义类型一	—	7
用户定义类型二	—	8
三维视图	三维	9

3.1.5 工程图纸文件夹

工程图纸文件夹，一般根据工程、设计阶段、专业、使用者、文件类型等进行组织。工程图纸文件夹的名称，一般是由用户或计算机辅助制图软件定义的。

工程图纸文件夹名称一般使用汉字、英文字母、数字和连字符"-"的组合，并且往往汉字与英文字母是不混用的。

同一工程中，一般使用统一的工程图纸文件夹命名格式，工程图纸文件夹名称一般保持不变。

有的图纸为了协同设计的需要，会分别创建工程、阶段、专业内部的共享与交换文件夹。

一般是根据项目需求创建工程图纸文件夹目录，并且使用统一的分级要求对文件夹进行分级组织。

设计文件夹目录的编制特点如图 3-4 所示。

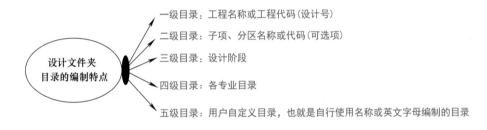

图 3-4　设计文件夹目录的编制特点

3.2　设计与制图

3.2.1　图纸的协同设计

协同设计是当下设计行业技术更新的一个重要方向，也是设计技术发展的一种必然趋势。

图纸的协同设计是通过计算机网络与计算机辅助设计技术，创建协作设计环境，使设计人围绕同一设计目标、对象，根据各自分工，交互式完成图纸的有关设计任务，实现图纸的设计资源的优化配置、共享，从而获得符合工程要求图纸的设计过程。

图纸协同设计的类型与其特点如图 3-5 所示。

其中的图层过滤器就是计算机辅助制图常用软件中的功能，可以根据颜色、线型、线宽、状态等属性对图层进行过滤，保留或不保留位于该图层上的图元信息。

协同设计采用图层级协同，明确互提资料的有效信息，简化互提资料的处理过程。当图层级协同的过滤条件未设置时，采用文件级协同。

协同设计的计算机制图文件参照一般符合唯一性原则。组装图文件中，可以引用具有多级引用关系的参照文件，以及允许对引用的参照文件进行编辑、剪裁、拆离、覆盖、更新、永久合并等操作。

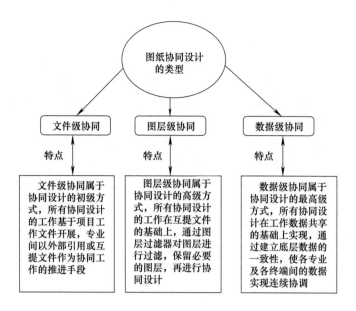

图 3-5　图纸协同设计的类型与其特点

3.2.2　计算机辅助制图的方向规则

计算机辅助制图的方向与指北针一般符合图 3-6 的规定。

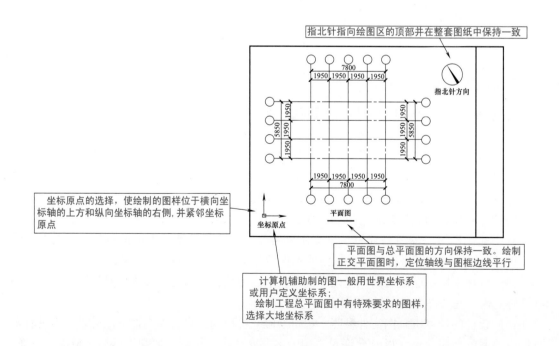

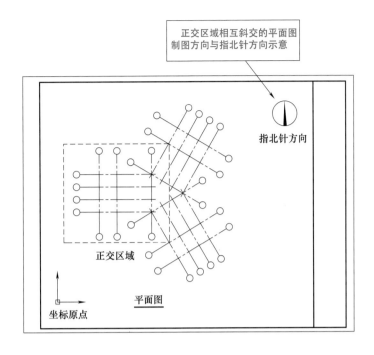

图 3-6　计算机辅助制图的方向与指北针

3.2.3　计算机辅助制图的布局与比例特点

计算机辅助制图，一般是根据自下而上、自左到右的顺序排列图样，并且是先布置主要图样，然后布置次要图样。 计算机辅助制的图中表格、图纸说明，一般布置在绘图区的右侧。

计算机辅助制图的布局与比例特点如图 3-7 所示。

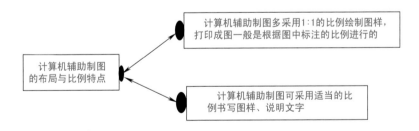

图 3-7　计算机辅助制图的布局与比例特点

3.2.4　计算机辅助制图文件的图层

图层是计算机辅助制图文件中相关图形元素数据的一种组织结构。属于同一图层的实体往往具有统一的颜色、线型、线宽、状态等属性。

图层会根据不同用途、设计阶段、专业属性、使用对象等进行组织。 图层名称一般使用汉字、英文字母、数字和连字符"-"的组合，并且汉字与英文字母不混用。在同一工程中，往往使用统一的图层命名格式，并且图层名称保持不变。

汉字图层命名格式的特点如图 3-8 所示。

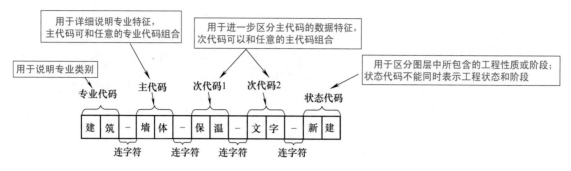

图 3-8　汉字图层命名格式的特点

英文图层命名格式的特点如图 3-9 所示。

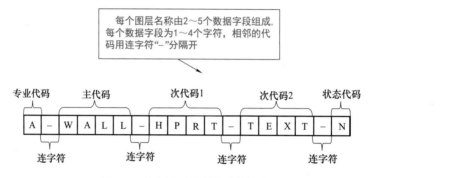

图 3-9　英文图层命名格式的特点

第4章

建筑概述与施工图的识读

4.1 建筑概述

4.1.1 建筑结构

建筑物是实际中的立体物，一般的建筑施工图是根据三面正投影法绘制在图纸上的或者计算机软件里的建筑平面图。

由于建筑物形体大，所以需要根据比例缩小。由于建筑物局部细节多，所以需要根据比例放大。另外，为了能够透彻理解建筑物，建筑施工图包括建筑总平面施工图、建筑平面施工图、建筑立面施工图、建筑剖面施工图、建筑施工详图等类型。

为了便于立体物与施工图的转换认识，需要掌握建筑的一些基础知识。房屋作为建筑物的代表，其基础知识是学习其他建筑知识的阶梯与基础。

房屋建筑物的结构名称如图 4-1 所示。

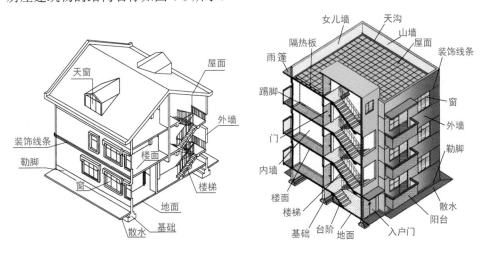

图 4-1　房屋建筑物的结构名称

房屋建筑施工图就是要把房屋的主要部分、附属部分、所在环境等内容清楚地表示出来。一幢房屋建筑物从施工到建成，需要有全套房屋建筑施工图纸作指导。一套房屋建筑施工图纸往往有几张、十几张、几十张，或几百张不等。阅读房屋施工图，需要先从大方面整体识读看懂，然后依次阅读局部细节。识读房屋施工图时，还需要不同图纸互相对照，仔细阅读。

4.1.2　建筑常见的施工图

常见的施工图包括建筑施工图总图、建筑专业图、结构专业图、设备专业图、电气专业图等。

（1）建筑施工图总图　通过识读建筑施工图总图，能够掌握建筑场地范围内建筑物的位置、形状、尺寸，以及道路、绿化、各种室外管线的布置等信息。

（2）建筑专业图　建筑专业图包括建筑平面图、立面图、剖面图、各种详图、门窗表、材料做法表等。通过识读建筑专业图，可以掌握相关专业的施工工艺与操作要求等信息。

（3）建筑结构专业图　建筑结构专业图包括基础图、各层顶板的平面图、各层顶板的剖面图、各种构件详图、构件数量表、设计说明等，通过识读建筑结构专业图，可以掌握建筑结构的施工工艺与操作要求等信息。

（4）建筑设备专业图　建筑设备专业图包括给水图、排水图、采暖图、通风各系统的平面图、轴测图、各种详图等，通过识读建筑设备专业图，可以掌握建筑设备专业的布置、施工工艺与操作要求等信息。

（5）建筑电气专业图　建筑电气专业图包括照明图、动力图、弱电的系统图、平面图与详图等，通过识读建筑电气专业图，可以掌握建筑电气专业的布置、施工工艺与操作要求等信息。

建筑图的简称如图 4-2 所示。

图 4-2　建筑图的简称

4.2　建筑总平面图快速识读

4.2.1　总平面图的形成与作用

总平面图，也就是总平图、总体布置图，主要分为建筑总平面图、规划总平面图。

总平面图，主要用来表示整个建筑基地的总体布局、整体规划，具体表达的内容有：新建拟建房屋的位置、房屋的朝向、周围环境基本情况、原有和拆除的建筑物、地物状况、给水情况、排水情况、供电条件等整体性的图样。

总平面图一般根据规定的比例绘制。因此，识读总平面图时，应注意总平面图给的比例信息。总平面图常用的比例为 1∶500、1∶1000、1∶2000、1∶5000 等。具体工程中，由于国土局等有关单位提供的地形图比例常为 1∶500。因此，建筑总平面图的常用绘图比例为 1∶500。

总平面图，往往用一条粗虚线来表示用地红线，所有新建拟建房屋不得超出该红线并满足消防、日照等规范要求。

总平面图中的建筑密度、容积率、绿地率、建筑占地、停车位、道路布置等，往往需要满足有关规范与要求。识读总平面图时，可以结合有关规范、要求来掌握有关信息。

通过识读总平面图，可以以其为依据，掌握新建房屋的施工定位、土方施工、设备管网平面布置的信息，以及作为安排进入现场的材料构件、配件堆放场地、构件预制场地、运输道路状况的依据。

另外，总平面图也是绘制水、暖、电等管线总平面图、施工总平面图的依据。为此，识读图时，可以将建筑专业图与总平面图结合来看。

4.2.2 总平面图的基本内容

总平面图，一般是用正投影的原理绘制的。总平面图上的内容主要是以图例的形式表示。一些总平面图给出了图例说明。如果没有给出图例说明，则可以通过常用的总平面图图例符号来理解。总平面图中常用的图例符号如图 4-3 所示。

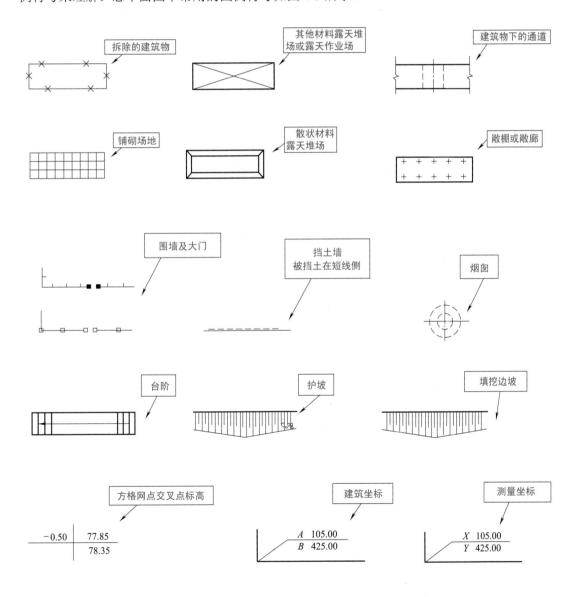

图 4-3　总平面图中常用的图例符号

总平面图的图解如图 4-4 所示，图例如下。

（1）粗实线　新建建筑物的可见轮廓线。

（2）细实线　原有建筑物、构筑物、道路、围墙等可见轮廓线。

（3）中虚线　计划扩建建筑物、构筑物、预留地、道路、围墙、运输设施、管线的轮廓线。

（4）单点长画细线　中心线、对称线、定位轴线。

（5）折断线　与周边分界。

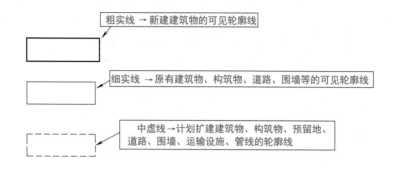

图 4-4　总平面图的图线图例

总平面图的计量单位，一般为米，并且至少取到小数点后两位，不足时用"0"补齐。具体识读时，看图的注释与有关说明，一般以签绘的相关图为准。

另外，总平面图上往往还有等高线、绝对标高、指北针、风向频率玫瑰图等信息。

4.2.3　总平面图提供的信息

总平面图提供的信息如下。

（1）图名、比例。

（2）工程性质、用地范围、地形地貌、周围环境情况。

（3）建筑的朝向、风向。

（4）新建建筑的准确位置。

（5）新建建筑物所处的地形。

（6）新建建筑物的位置。

（7）相邻原有建筑物、拆除建筑物的位置或范围。

（8）附近的地形、地物。

（9）指北针或风向频率玫瑰图。

（10）绿化规划。

（11）管道布置。

（12）道路（或铁路）和明沟。

（13）坡向等。

以上内容并不是所有总平面图上都具有，需要根据具体情况来对应识读。

知识小贴士

识读总平面图图例如图 4-5 所示。

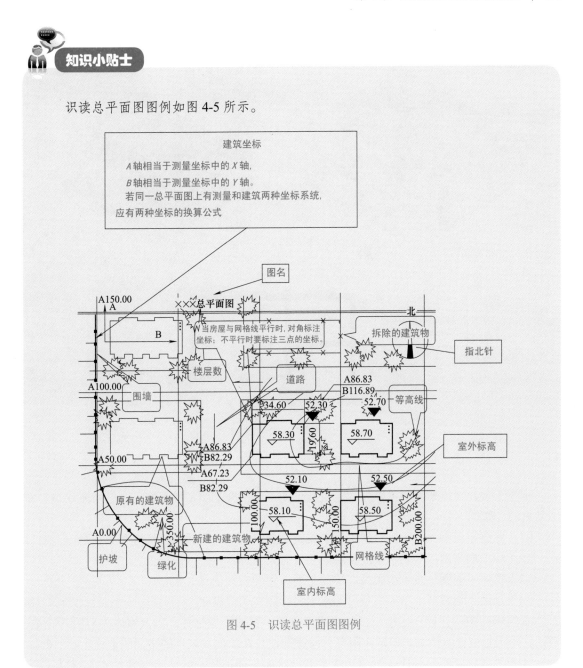

图 4-5　识读总平面图图例

4.3　建筑平面图的识读

4.3.1　平面图的形成与作用

　　建筑平面图可简称为平面图。用一个假想平面在窗台略高一点位置作水平剖切，然后将上面部分拿走移去，剩留部分做正投影，所得的水平剖面图即为建筑平面图。

平面图的形成图解如图 4-6 所示。

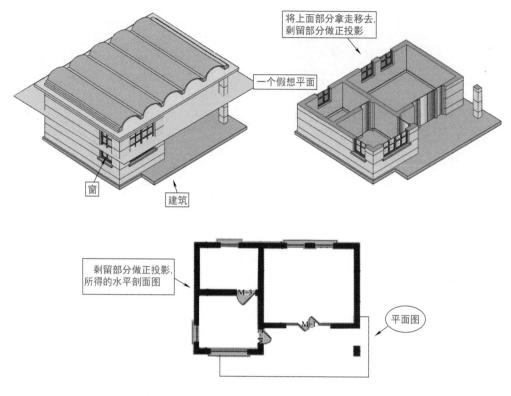

图 4-6　平面图的形成

根据工种，建筑平面图可以分为建筑施工图、结构施工图、设备施工图。房屋建筑平面图常见的类型如下。

（1）底层平面图　表示第一层房间的布置、建筑入口、门厅、楼梯等有关信息。

（2）标准层平面图　表示中间各层的布置有关信息。

（3）顶层平面图　表示房屋最高层的平面布置图有关信息。

（4）屋顶平面图　表示屋顶平面的水平投影等有关信息。

首层平面图往往标示出墙厚、门的开启方向、窗的具体位置，以及室内外台阶、花池、散水、落水管位置等信息。但是，阳台、雨篷等往往在二层及以上的平面图上表示。

建筑平面图能够反映建筑物的功能需要、房屋平面形状、墙柱的位置 / 尺寸 / 材料、平面布局、门窗类型与位置、建筑平面大小、平面构成关系，其是决定建筑立面、内部结构的关键环节。

建筑平面图可以作为施工放线、安装门窗、预埋构件、预留孔洞、室内装修、编制预算、施工备料等重要依据。建筑平面图也是建筑物施工、施工现场布置的重要依据，同时也是给排水、强弱电、暖通设备等专业工程平面图、管线综合图的依据。

4.3.2　平面图的基本内容

平面图中常用的图例如图 4-7 所示。

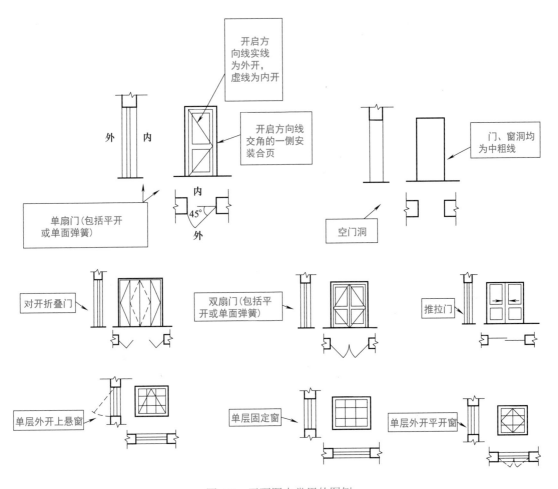

图 4-7　平面图中常用的图例

4.3.3　平面图标示出的一些信息

房屋建筑平面图标示出的信息如下。

（1）建筑物及其组成房间的名称、用途、尺寸、定位轴线、墙壁厚。

（2）走廊楼梯配置、位置、尺寸。

（3）门窗位置、尺寸、编号。门的代号一般为 M，窗的代号一般为 C。代号后面为编号，并且同一编号表示同一类型的门窗。

（4）图名、比例、朝向。

（5）定位轴线、轴线编号与尺寸。

（6）墙柱配置。

（7）剖切符号。

（8）散水、雨水管、台阶、坡度。

（9）索引符号等。

知识小贴士

建筑平面图识读要点图例如图 4-8 所示。

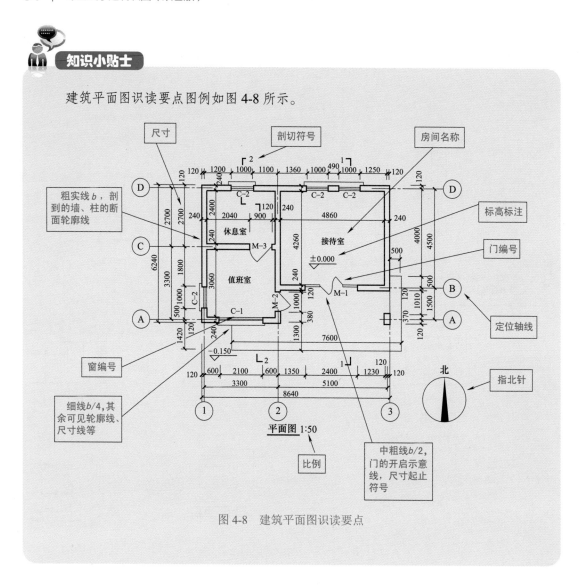

图 4-8　建筑平面图识读要点

4.4　建筑立面图的识读

4.4.1　建筑立面图的形成与作用

建筑立面图简称立面图，是在与建筑物立面平行的铅垂投影面上所做的投影图。建筑物的外观特征、艺术效果等可以通过其立面图反映出来。立面图的形成如图 4-9 所示。

4.4.2　立面的类型

建筑中的两大立体由不同类型的平面组成，如图 4-10 所示。
立面图的类型如下。

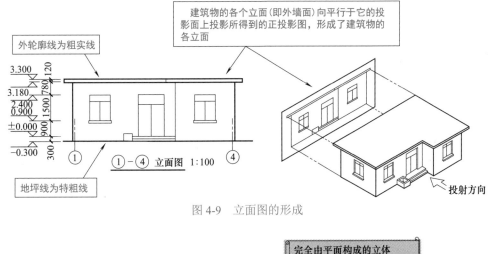

图 4-9　立面图的形成

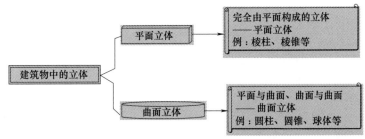

图 4-10　建筑中的两大立体

（1）正立面图　反映主要出入口或比较显著地反映出房屋外貌特征一面的立面图。

（2）背立面图、侧立面图　正立面图外的其余的立面图相应称为背立面图、侧立面图。

正立面图、背立面图、侧立面图，其实是根据建筑外貌特征命名的。

立面图也可以根据房屋朝向来命名，即立面朝向哪个方向就称为某方向立面图，例如南北立面图、东西立面图等。

另外，建筑立面图还可以用图上的首尾轴线来命名。

轴线命名的立面图图解如图 4-11 所示。

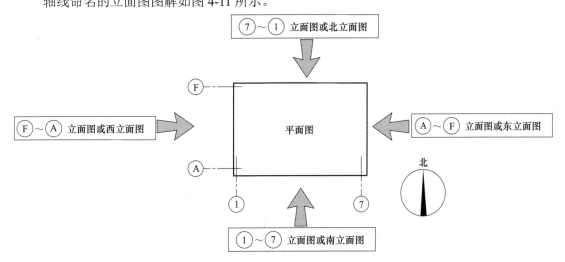

图 4-11　立面图的命名图解

4.4.3　立面图标示出的一些信息

房屋建筑立面图标示出的信息如下。

（1）图名、比例。

（2）首尾轴线、编号。

（3）各部分的标高。

（4）外墙做法。

（5）各构配件的特点、应用。

（6）室外地面线及房屋的勒脚、台阶、花池、门窗、室外楼梯、墙柱、雨篷、阳台、檐口、屋顶、雨水管、墙面分割线。

（7）建筑物两端的定位轴线及其编号。

（8）标注引索编号。

（9）有关文字说明。

立面图与平面图有着密切的关系，立面图轴线编号一般均与平面图是一致的。通过立面图与平面图的互读，可以校核门、窗等所有细部构造是否正确。

知识小贴士

识读立面图掌握的信息图解如图 4-12 所示。

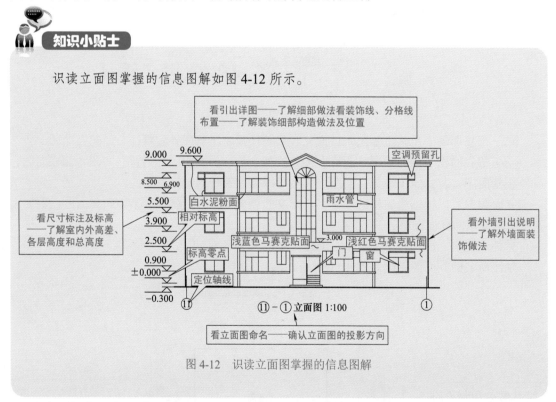

图 4-12　识读立面图掌握的信息图解

4.5　建筑剖面图的识读

4.5.1　建筑剖面图的形成与作用

建筑剖面图简称剖面图，其是指假想用一个或多个垂直于外墙轴线的铅垂剖切面，将房屋剖开，所得的投影图。

建筑剖面图的形成图解如图 4-13 所示。

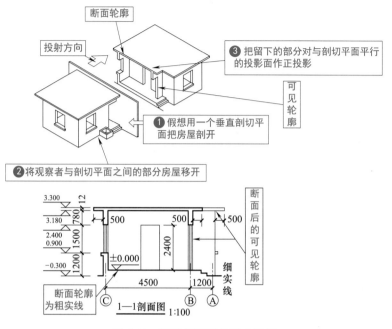

图 4-13　建筑剖面图的形成图解

建筑剖面图的特点图解如图 4-14 所示。

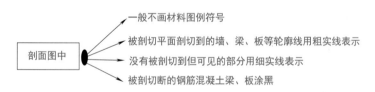

图 4-14　建筑剖面图的特点图解

建筑剖面图的类型如图 4-15 所示。

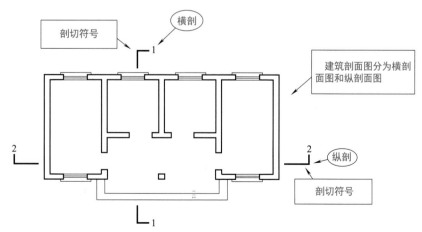

图 4-15　建筑剖面图的类型

剖面图用以表示房屋内部的结构或构造形式、分层情况、各部位的联系、材料、有关高度尺寸等，如图 4-16 所示。

❶ 剖面的形成　　　　　　❷ 剖面的形成

建筑剖面图
建筑内部的结构形式、沿高度
方向的分层情况、构造做法、门
窗洞口、层高等清楚表达出来

❸ 剖面的形成

图 4-16　剖面图的作用

建筑剖面图的剖切位置一般来源于建筑平面图，并且往往选在平面组合中不易表示清楚且较为复杂的部位。

建筑剖面图的剖切位置、朝向，往往在平面图中可以找到相关信息。

4.5.2　建筑剖面图标示出的一些信息

建筑剖面图标示出的一些信息如下。

（1）剖切位置、投影方向、绘图比例。

（2）墙体的剖切情况。

（3）地、楼、屋面的构造。

（4）楼梯的形式、构造。

（5）墙、柱及其定位轴线。

（6）室内底层地面、地坑、地沟，各层楼面、顶棚、屋顶、门、窗、楼梯、阳台、雨篷、留洞、墙裙、踢脚板、防潮层，室外地面、散水、排水沟及其他装修等剖切到或能见到的内容。

（7）各部位完成面的标高、高度方向尺寸。

（8）标高内容。

（9）文字说明。

（10）有关一览表的内容。

（11）详图与其索引符号。

识读特殊设备房间的建筑剖面图时，需要注意校核该图所在轴线位置、剖切到的内容与部位是否根平面图中相应内容一致。

识读建筑剖面图时，需要注意校核具体细部尺寸是否根平面图、立面图中的尺寸一致。

4.6　建筑外墙详图的识读

4.6.1　建筑详图概述

　　房屋建筑施工中，建筑平面图、立面图、剖面图基本上可以将房屋的整体形状、结构、尺寸等表示清楚了。为此，建筑平面图、立面图、剖面图是房屋建筑施工的主要图样。但是，这些图纸画图的比例较小，许多局部的详细构造、尺寸、做法、施工要求在图上均无法注写、画出、表达全面详细。为满足施工需要，针对建筑的某些部位细部、构配件必须绘制较大比例的图样才能够清楚地全面地表达，这就是建筑详图的应用。

　　建筑详图是建筑平面图、立面图、剖面图等基本图纸的补充与深化。建筑详图也是建筑工程建筑构配件制作、编制预决算的依据。

　　建筑详图简称详图，其是用较大的比例将建筑部位细部，构配件的形状、大小、材料、做法，根据正投影图的画法，详细地表示出来的一种图样。

4.6.2　建筑详图的特点与标示出的一些信息

　　建筑详图突出的特点是比例大，常用的比例有 1：50、1：20、1：10、1：5、1：2 等。建筑详图的图名，一般与被索引的图样上的索引符号是对应的，这样便于对照查阅。

　　建筑详图标示出的一些信息如下。

　　（1）详图名称、比例、定位轴线、定位轴线编号。

　　（2）建筑构配件的形状及与其他构配件的详细构造、层次、详细尺寸、材料图例。

　　（3）各部位、各层次的用料、做法、颜色、施工要求。

　　（4）标注、标高等。

4.7　外墙详图

4.7.1　外墙详图的内容与作用

　　外墙详图是外墙墙身从室外地坪以上到屋顶檐部剖面图的一种局部放大图。外墙详图配合建筑平面图可以为砌墙、室内外装修、立门窗口等提供具体做法。外墙详图、平面图中的剖切位置或立面图上的详图索引标志、朝向、轴线编号应一致。

　　外墙剖面详图如图 4-17 所示。

4.7.2　外墙详图标示出的信息

　　外墙详图标示出的信息如下。

　　（1）各个部位的尺寸与标高。

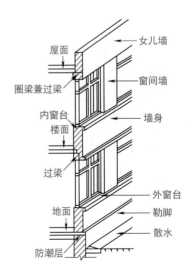

图 4-17　外墙剖面详图

（2）楼层处节点详细的做法。

（3）室内、外地面处的节点构造。

（4）室内、外装修各个构造部位详细的做法。

（5）挑出构件的挑出细部尺寸、结构下皮标高尺寸。

（6）外墙厚度和与轴线的关系。

（7）屋顶檐口处节点的细部做法。

4.8 建筑楼梯详图的识读

4.8.1 楼梯详图的形成与作用

楼梯是一种上下交通的设施，一般由楼梯踏步、梯段、休息平台、栏板或栏杆、扶手等组成。其中，楼梯踏步一般由水平踏面与垂直踢面组成。楼梯踏步详图表示出踏步截面形状、踏步截面大小、踏步材料与面层做法等信息。

一般楼梯的踏步参考尺寸见表4-1。

表4-1　一般楼梯的踏步参考尺寸　　　　　　　　　　　单位：mm

楼梯类别	住宅	幼儿园、小学校	专用疏散	服务楼梯、住宅套内	电影院、剧场、体育馆、商场、医院和大中学校	其他建筑
最大高度	≤175	≤150	≤180	≤200	≤160	≤170
最小宽度	≥260	≥260	≥250	≥220	≥280	≥260

注：无中柱螺旋楼梯和弧形楼梯离内侧扶手中心0.25m处的踏步宽度不应小于0.22m。

楼梯踏步的外观和组成如图4-18所示。

图4-18　楼梯踏步的外观和组成

楼梯栏杆与扶手是为上下行人安全而设的，靠梯段与平台悬空一侧设置栏杆或栏板，上面做扶手。楼梯扶手形式、大小、所用材料，均需要满足一般手握适度弯曲的情况。

常见楼梯栏杆与扶手的立面形式如图4-19所示。

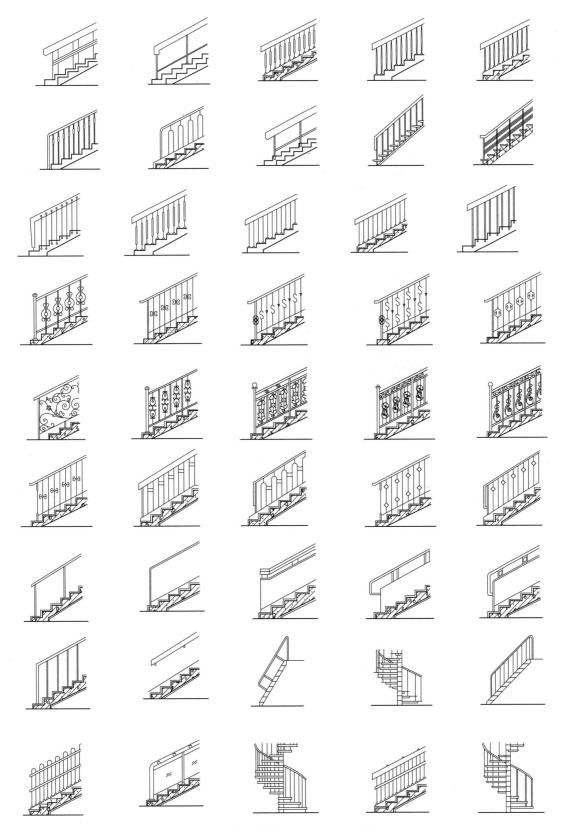

图 4-19　常见楼梯栏杆与扶手的立面形式

楼梯详图可以表明楼梯形式、结构类型、楼梯与楼梯间的平面与剖面尺寸，细部施工与装修做法。

楼梯的梯井，也就是楼梯洞口，是楼梯梯段与休息平台内侧围成的空间。梯井可用于消防需要，着火时消防水管能够从梯井通到需要灭火的楼层。楼梯的梯井如图 4-20 所示。

图 4-20　楼梯的梯井

楼梯的梯井的规定要求如下。

（1）托儿所、幼儿园、中小学、少年儿童专用活动场所的楼梯，梯井净宽大于 0.20m 时，必须采取防止少年儿童攀滑的措施，楼梯栏杆应采取不易攀登的构造。当采用垂直杆件做栏杆时，其杆件净距一般不应大于 0.11m。

（2）住宅梯井净宽大于 0.11m 时，必须采取防止儿童攀滑的措施，楼梯栏杆的垂直杆件间的净空不应大于 0.11m。

（3）多层公共建筑室内双跑疏散楼梯两梯段间梯井的水平净距（指装修后完成面）不宜小于 0.15m。

（4）梯井宽度小于 0.2m 时，因在楼梯转弯处两栏板间隙小，难以进行抹灰等施工操作，故不宜做高实栏板。

楼梯段，也称楼梯跑、梯段。楼梯段的宽度一般由通行人流来决定，以保证通行顺畅为原则。单人通行的梯段宽度一般应为 800~900mm。

楼梯休息平台根据所处的位置、标高不同分为中间平台和楼层平台。两楼层之间的楼梯休息平台称为中间平台。

楼梯段与楼梯休息平台图例特点如图 4-21 所示。楼梯休息平台平面图中的表示如图 4-22 所示。楼梯净高尺寸、休息平台深度图解如图 4-23 所示。为了保证楼梯平台净高，采取的调整方法如图 4-24 所示。楼梯的类型如图 4-25 所示。另外，根据形式，楼梯的类型如图 4-26 所示。

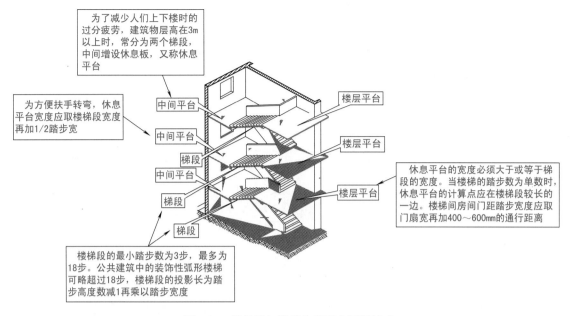

为了减少人们上下楼时的过分疲劳，建筑物层高在3m以上时，常分为两个梯段，中间增设休息板，又称休息平台

为方便扶手转弯，休息平台宽度应取楼梯段宽度再加1/2踏步宽

中间平台

中间平台

梯段

中间平台

梯段

梯段

楼层平台

楼层平台

楼层平台

休息平台的宽度必须大于或等于梯段的宽度。当楼梯的踏步数为单数时，休息平台的计算点应在楼梯段较长的一边。楼梯间房间门距踏步宽度应取门扇宽再加400～600mm的通行距离

楼梯段的最小踏步数为3步，最多为18步。公共建筑中的装饰性弧形楼梯可略超过18步，楼梯段的投影长为踏步高度数减1再乘以踏步宽度

图 4-21　楼梯段与楼梯休息平台图例特点

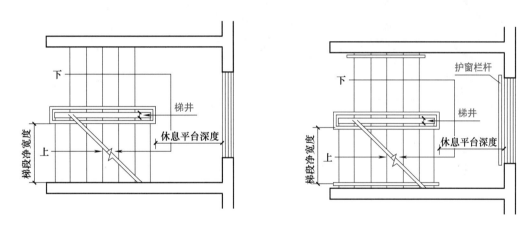

图 4-22　楼梯休息平台平面图中的表示

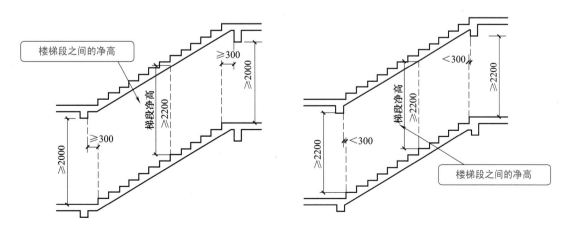

图 4-23

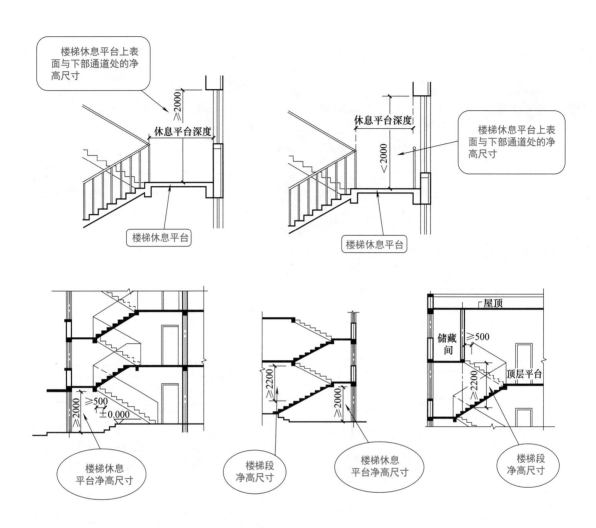

图 4-23　楼梯净高尺寸、休息平台深度图解

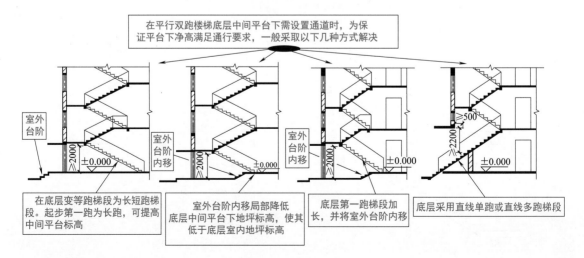

图 4-24　采取的调整方法

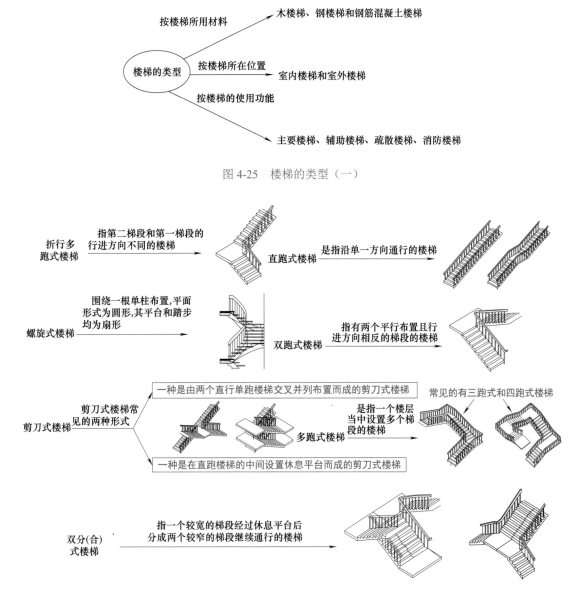

图 4-25 楼梯的类型（一）

图 4-26 楼梯的类型（二）

楼梯平面图的形成如图 4-27 所示。本层的楼梯平面图就是在本层地面到休息平台间水平剖切以后向下作的全部投影。楼梯平面图上往往注明了楼梯间的轴线、轴线编号、梯段宽、上下两段间的水平距离、休息平台板和楼层平台板的宽度、梯段水平投影长度、楼梯间墙厚、楼梯间门窗的具体位置尺寸等信息。

楼梯平面图中的梯段中部，往往标注有"上、下"字的箭头，表示以本层地面与上层楼面为起点上楼梯、下楼梯的走向。

楼梯剖面图的形成如图 4-28 所示。楼梯剖面图是表明楼梯间的竖向关系、休息平台标高、梯段数与踏步数、栏杆 (栏板) 样式、扶手样式，门窗洞口位置尺寸等信息。常见楼梯形式的平面与剖面或者立面如图 4-29 所示。常见结构特点的楼梯的平面图、剖面图的识读技巧图解如图 4-30 所示。看图时，注意学会楼梯的不同类型图间的转换与互补。

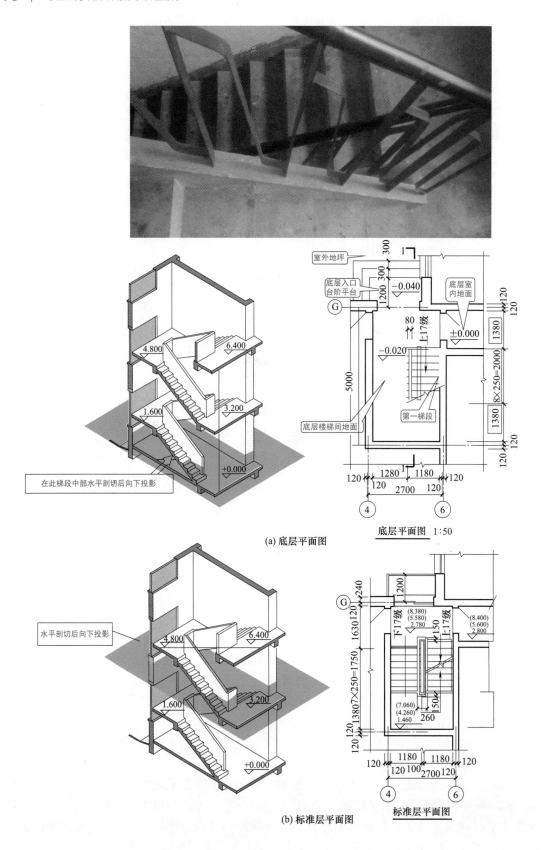

(a) 底层平面图

(b) 标准层平面图

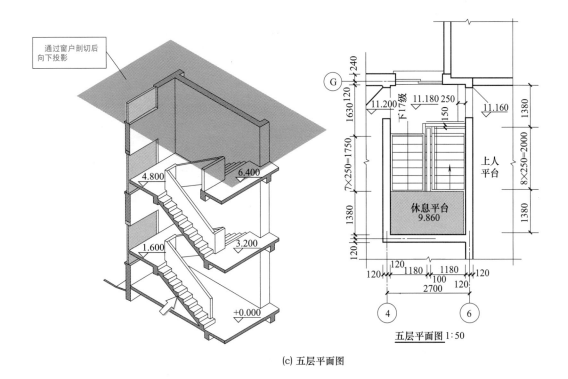

(c) 五层平面图

图 4-27　楼梯平面图的形成

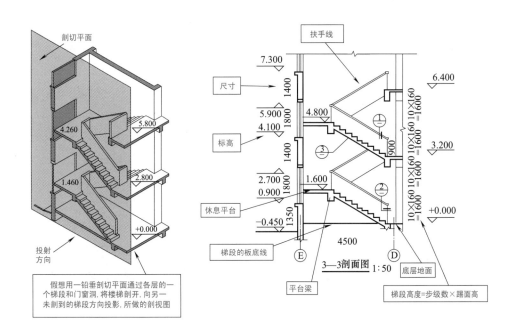

图 4-28　楼梯剖面图的形成

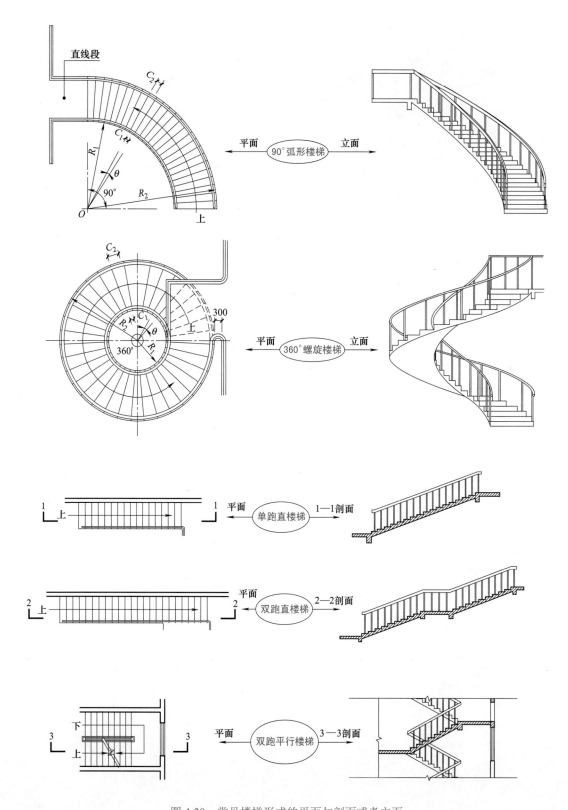

图 4-29　常见楼梯形式的平面与剖面或者立面

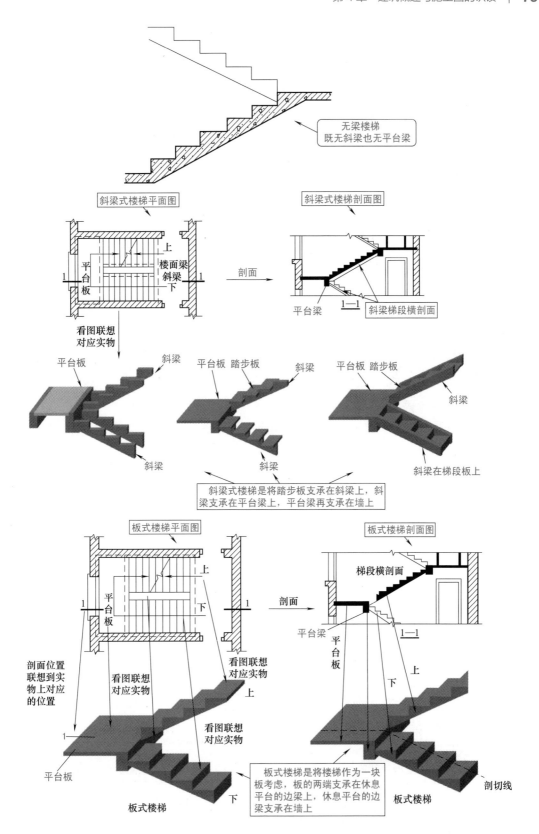

图 4-30

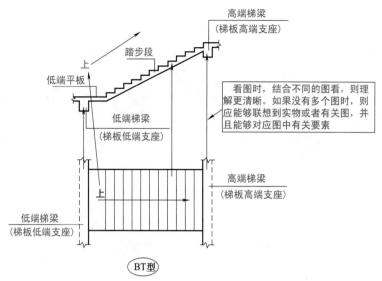

图 4-30　常见结构特点的楼梯的平面图、剖面图的识读技巧图解

4.8.2　楼梯详图的特点

楼梯详图的一些特点如下。

（1）除了楼梯首层与顶层平面图外，如果中间各层楼梯做法完全相同，则往往只提供一个楼梯平面图。

（2）如果楼梯剖面图中间各层做法完全相同，则往往只提供一个标准层剖面图。

（3）楼梯详图包括踏步详图、栏板或栏杆详图、扶手详图等。

楼梯详图识读技巧图解如图 4-31 所示。

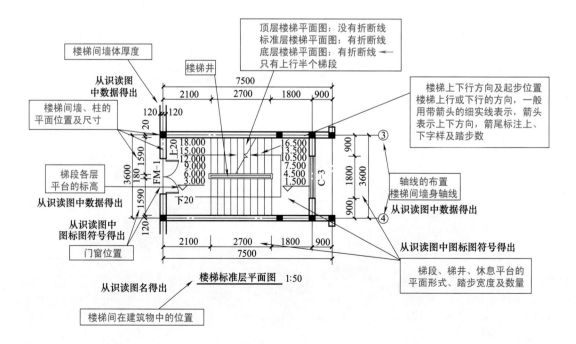

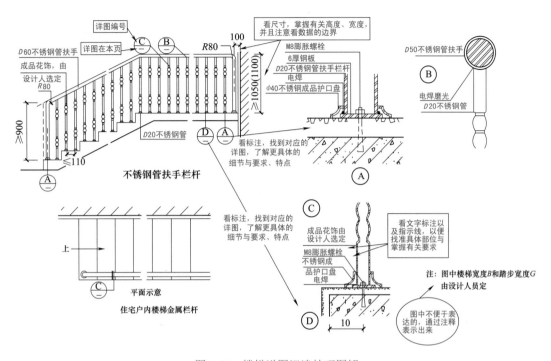

图 4-31 楼梯详图识读技巧图解

第 5 章

建筑结构施工图的识读

5.1 结构施工图的基础

5.1.1 结构施工图的作用与内容

结构施工图是指关于承重构件的布置、使用的材料、形状、大小，以及内部构造的一类工程图样。房屋建筑结构的特点如图 5-1 所示。

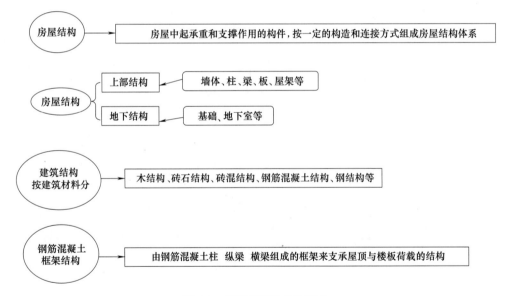

图 5-1 房屋建筑结构的特点

结构施工图是承重构件以及其他受力构件施工所依据的一种图纸。

结构施工图包含的部分内容如图 5-2 所示。

5.1.2 建筑结构施工图的线宽与线型

建筑结构施工图一般根据复杂程度与比例大小来选择适当的基本线宽度 b，然后将基本线宽 b 做一定比例的加宽或减细，来表达不同层次的内容。

建筑结构图常见的图线如图 5-3 所示。同一张图纸中，相同比例的各图样，一般选用的线宽组是相同的。

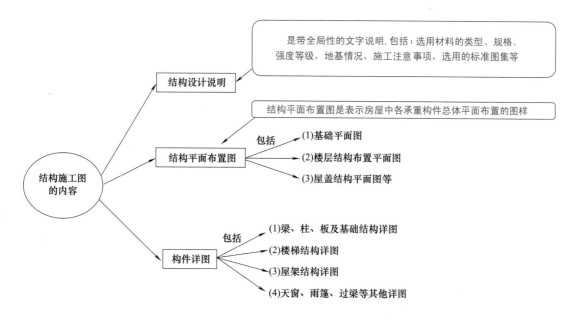

图 5-2 结构施工图包含的部分内容

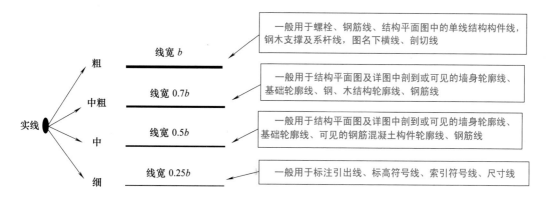

图 5-3

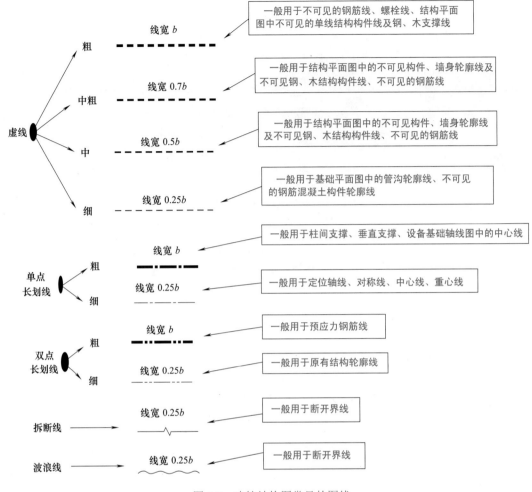

图 5-3　建筑结构图常见的图线

5.1.3　建筑结构施工图常用比例

建筑结构施工图常用比例如图 5-4 所示。特殊情况下的图，可能选用可用比例。当构件的纵、横向断面尺寸相差悬殊时，有的图则可能会在同一详图中的纵、横向选用的是不同的比例。有的图中轴线尺寸与构件尺寸，也可能选用不同的比例。

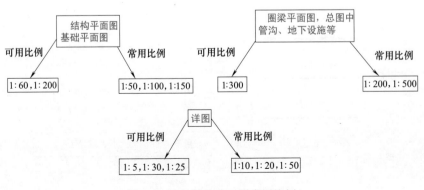

图 5-4　建筑结构施工图常用比例

5.1.4 结构施工图中常用构件代号

结构施工图中构件名称可用代号来表示。代号后一般用阿拉伯数字标注该构件的型号或编号，或者为构件的顺序号。构件的顺序号，一般采用不带角标的阿拉伯数字连续编排。实际的图可能会有差异，但是一般会有一定的规律可循。

常用的构件代号见表 5-1。

表 5-1 常用的构件代号

名称	代号	名称	代号	名称	代号
板	B	圈梁	QL	承台	CT
屋面板	WB	过梁	GL	设备基础	SJ
空心板	KB	连系梁	LL	桩	ZH
槽形板	CB	基础梁	JL	挡土墙	DQ
折板	ZB	楼梯梁	TL	地沟	DG
密肋板	MB	框架梁	KL	柱间支撑	ZC
楼梯板	TB	框支架	KZL	垂直支撑	CC
盖板或沟盖板	GB	屋面框架梁	WKL	水平支撑	SC
挡雨板或檐口板	YB	檩条	LT	梯	T
吊车安全走道板	DB	屋架	WJ	雨篷	YP
墙板	QB	托架	TJ	阳台	YT
天沟板	TGB	天窗架	CJ	梁垫	LD
梁	L	框架	KJ	预埋件	M—
屋面梁	WL	刚架	GJ	天窗端壁	TD
吊车梁	DL	支架	ZJ	钢筋网	W
单轨吊车梁	DDL	柱	Z	钢筋骨架	G
轨道连接	DGL	框架柱	KZ	基础	J
车挡	CD	构造柱	GZ	暗柱	AZ

注：1. 表中，除混凝土构件可以不注明材料代号外，其他材料的构件可在构件代号前加注材料代号，并在图纸中加以说明。

2. 预应力混凝土构件的代号，在构件代号前加注 "Y"，如 Y-DL 表示预应力混凝土吊车梁。

5.2 钢结构

5.2.1 常用型钢的标注法

常用型钢的标注法如图 5-5 所示。

5.2.2 螺栓、孔、电焊铆钉的表示法

螺栓、孔、电焊铆钉的表示法如图 5-6 所示。

5.2.3 常用焊缝表示法

常用焊缝表示法如图 5-7 所示。

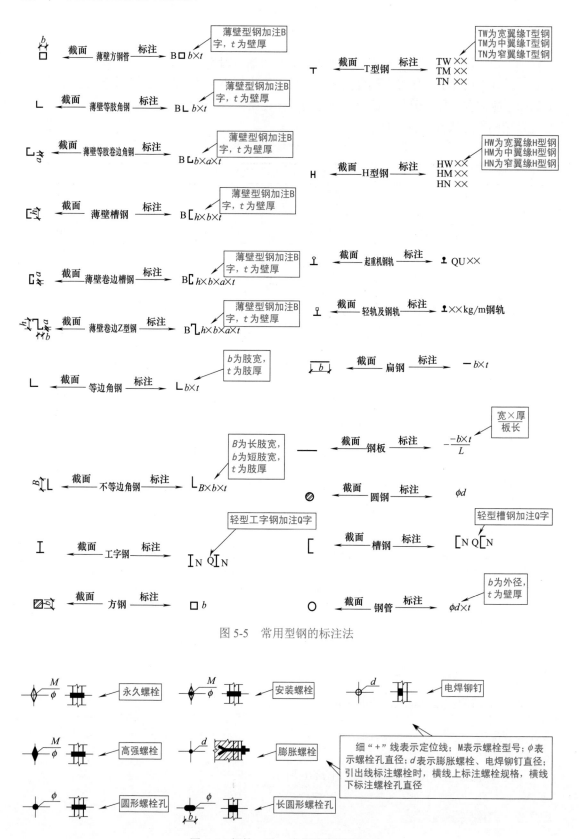

图 5-5　常用型钢的标注法

图 5-6　螺栓、孔、电焊铆钉的表示法

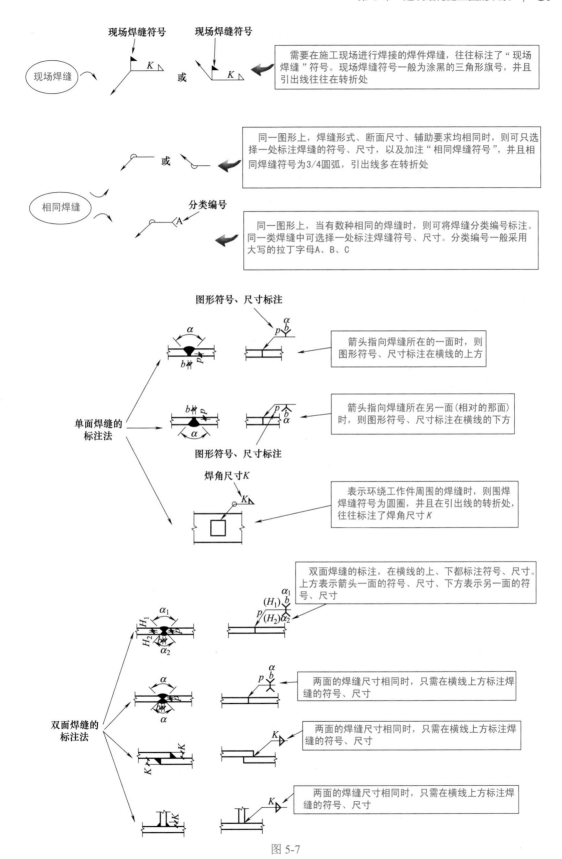

图 5-7

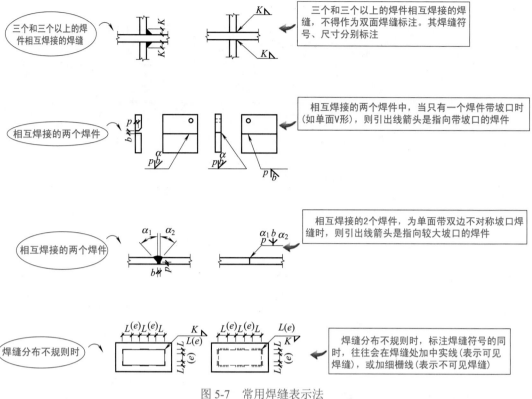

图 5-7　常用焊缝表示法

5.2.4　建筑钢结构常用焊缝符号与符号尺寸

建筑钢结构常用焊缝符号与符号尺寸如图 5-8 所示。

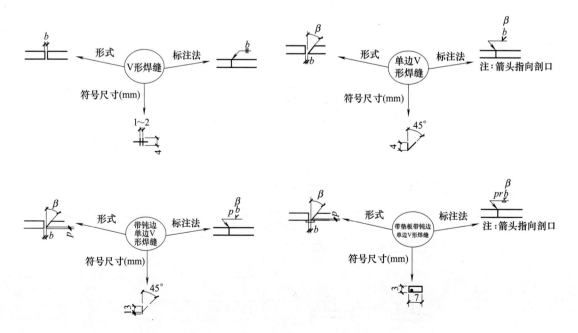

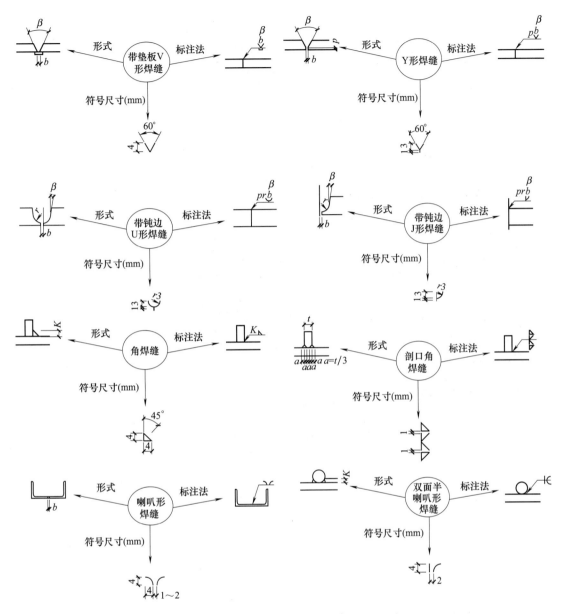

图 5-8　建筑钢结构常用焊缝符号与符号尺寸

5.2.5　复杂节点详图的分解索引

复杂节点详图的分解索引图解如图 5-9 所示。

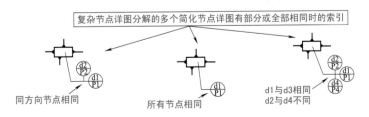

图 5-9

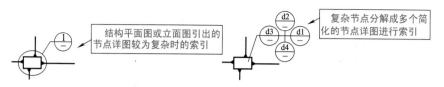

图 5-9　复杂节点详图的分解索引图解

5.2.6　建筑钢结构尺寸标注

建筑钢结构尺寸标注如图 5-10 所示。

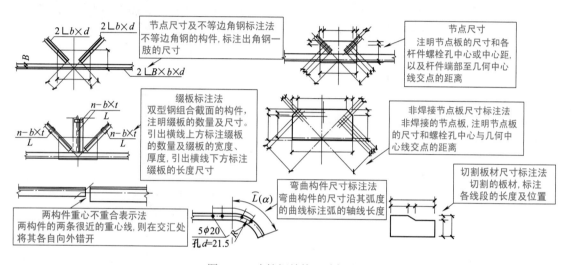

图 5-10　建筑钢结构尺寸标注

5.3　木结构

5.3.1　常用木构件断面表示法

常用木构件断面表示法如图 5-11 所示。

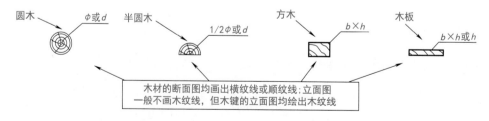

图 5-11　常用木构件断面表示法

5.3.2　木构件连接表示法

木构件连接表示法如图 5-12 所示。

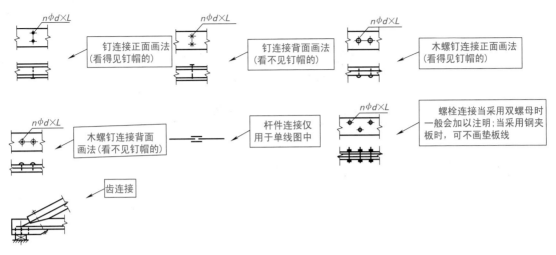

图 5-12　木构件连接表示法

5.4　混凝土结构

5.4.1　钢筋概述

钢筋是指钢筋混凝土用的钢材、预应力钢筋混凝土用的钢材，其横截面有的为圆形，有的为带有圆角的方形。钢筋包括光圆钢筋、带肋钢筋、扭转钢筋等。

钢筋混凝土用钢筋是指钢筋混凝土配筋用的直条或盘条状钢材，根据其外形有光圆钢筋、变形钢筋等。钢筋混凝土用钢筋交货状态有直条、盘圆等类型。

钢筋的分类如图 5-13 所示。

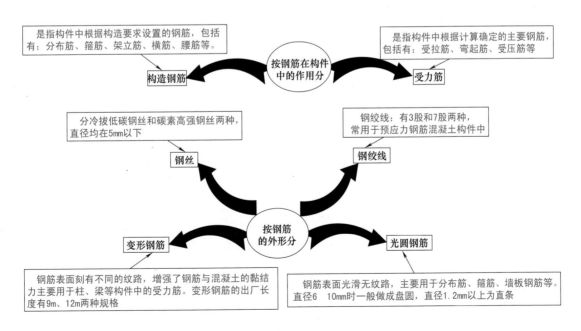

图 5-13

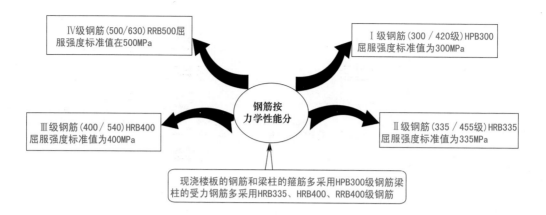

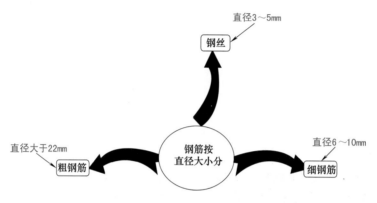

图 5-13　钢筋的分类

钢筋的类型如图 5-14 所示。

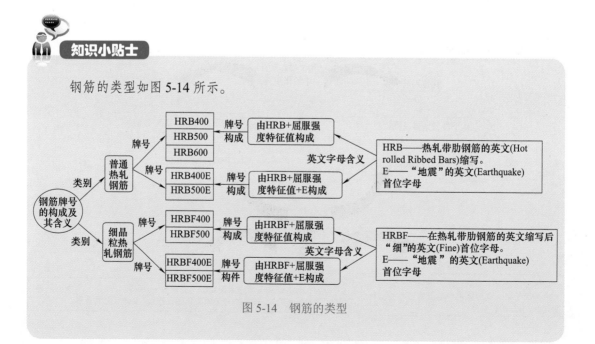

图 5-14　钢筋的类型

5.4.2　钢筋混凝土构件图示与钢筋的名称

钢筋混凝土构件图示方法图解如图 5-15 所示。

图 5-15　钢筋混凝土构件图示方法图解

混凝土中配筋的应用，一般用配筋图来表示。实际中的建筑配筋一般是根据配筋图来进行的。实际中的建筑钢筋件如图 5-16 所示。钢筋的名称如图 5-17 所示。

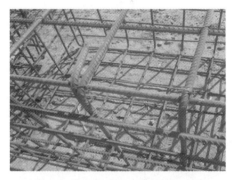

图 5-16　实际中的建筑钢筋件

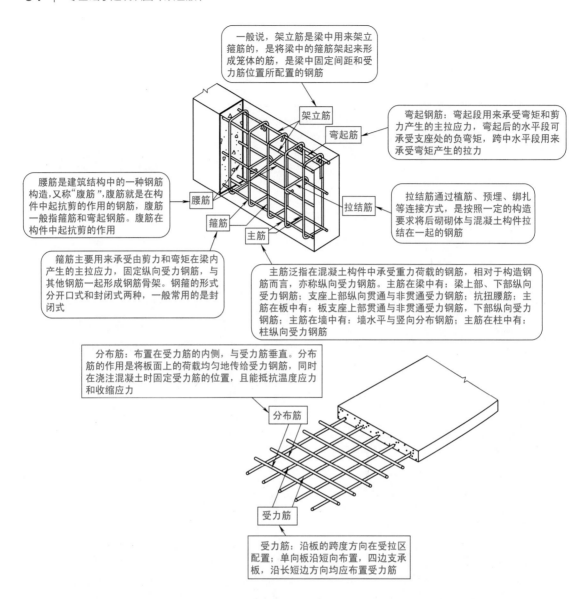

一般说，架立筋是梁中用来架立箍筋的，是将梁中的箍筋架起来形成笼体的筋，是梁中固定间距和受力筋位置所配置的钢筋

架立筋

弯起筋

弯起钢筋：弯起段用来承受弯矩和剪力产生的主拉应力，弯起后的水平段可承受支座处的负弯矩，跨中水平段用来承受弯矩产生的拉力

腰筋是建筑结构中的一种钢筋构造，又称"腹筋"，腹筋就是在构件中起抗剪的作用的钢筋，腹筋一般指箍筋和弯起钢筋。腹筋在构件中起抗剪的作用

腰筋

箍筋

主筋

拉结筋

拉结筋通过植筋、预埋、绑扎等连接方式，是按照一定的构造要求将后砌砌体与混凝土构件拉结在一起的钢筋

箍筋主要用来承受由剪力和弯矩在梁内产生的主拉应力，固定纵向受力钢筋，与其他钢筋一起形成钢筋骨架。钢箍的形式分开口式和封闭式两种，一般常用的是封闭式

主筋泛指在混凝土构件中承受重力荷载的钢筋，相对于构造钢筋而言，亦称纵向受力钢筋。主筋在梁中有：梁上部、下部纵向受力钢筋；支座上部纵向贯通与非贯通受力钢筋；抗扭腰筋；主筋在板中有：板支座上部贯通与非贯通受力钢筋，下部纵向受力钢筋；主筋在墙中有：墙水平与竖向分布钢筋；主筋在柱中有：柱纵向受力钢筋

分布筋：布置在受力筋的内侧，与受力筋垂直。分布筋的作用是将板面上的荷载均匀地传给受力钢筋，同时在浇注混凝土时固定受力筋的位置，且能抵抗温度应力和收缩应力

分布筋

受力筋

受力筋：沿板的跨度方向在受拉区配置；单向板沿短向布置，四边支承板，沿长短边方向均应布置受力筋

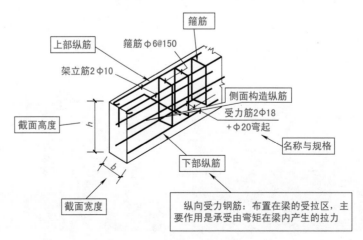

箍筋

上部纵筋

箍筋φ6@150

架立筋2Φ10

侧面构造纵筋

受力筋2Φ18 +Φ20弯起

名称与规格

截面高度

h

下部纵筋

截面宽度

b

纵向受力钢筋：布置在梁的受拉区，主要作用是承受由弯矩在梁内产生的拉力

图 5-17　钢筋的名称

热轧带肋钢筋的术语与定义见表 5-2。

表 5-2　热轧带肋钢筋的术语与定义

术语	定　义
普通热轧钢筋	按热轧状态交货的钢筋
细晶粒热轧钢筋	在热轧过程中，通过控轧和控冷工艺形成的细晶粒钢筋，其晶粒度为 9 级或更细
带肋钢筋	横截面通常为圆形，为表面带肋的混凝土结构用钢材
纵肋	平行于钢筋轴线的均匀连续肋
横肋	与钢筋轴线不平行的其他肋
月牙肋钢筋	横肋的纵截面呈月牙形，且与纵肋不相交的钢筋
肋高	测量从肋的最高点到芯部表面垂直于钢筋轴线的距离
肋间距	平行钢筋轴线测量的两相邻横肋中心间的距离
特征值	在无限多次的检验中，与某一规定概率所对应的分位值
基圆	钢筋横截面上不包括横肋和纵肋的横截面
公称直径	与钢筋的公称横截面积相等的圆的直径
相对肋面积	横肋在与钢筋轴线垂直平面上的投影面积与钢筋公称周长和横肋间距的乘积之比

5.4.3　常用钢筋表示法

（1）普通钢筋的表示方法　普通钢筋的表示方法如图 5-18 所示。

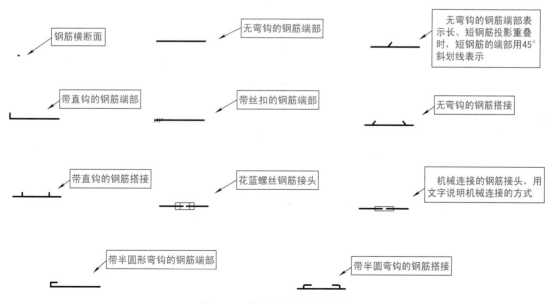

图 5-18　普通钢筋的表示方法

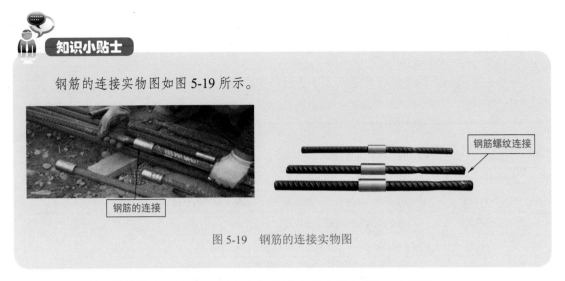

知识小贴士

钢筋的连接实物图如图 5-19 所示。

图 5-19　钢筋的连接实物图

（2）预应力钢筋的表示方法　预应力钢筋的表示方法如图 5-20 所示。

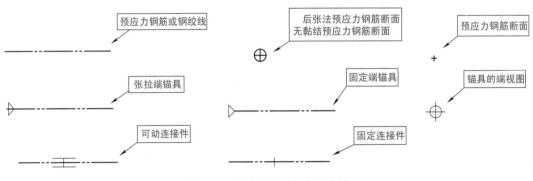

图 5-20　预应力钢筋的表示方法

（3）钢筋网片的表示方法　钢筋网片的表示方法如图 5-21 所示。

图 5-21　钢筋网片的表示方法

（4）钢筋的焊接接头的表示方法　钢筋的焊接接头的表示方法如图 5-22 所示。

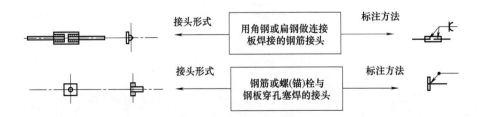

图 5-22

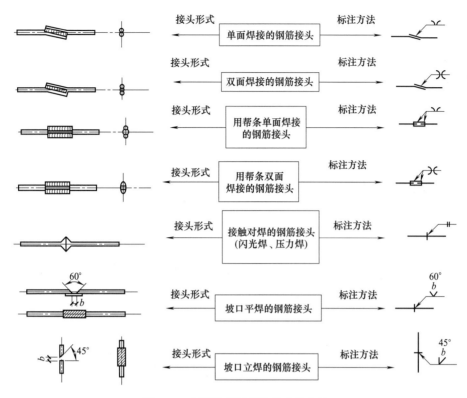

图 5-22　钢筋的焊接接头的表示方法

5.4.4　钢筋的画法

钢筋的画法如图 5-23 所示。

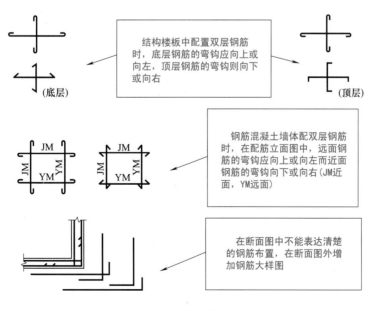

图 5-23

图 5-23　钢筋的画法

5.4.5　钢筋的简化表示法

钢筋的简化表示法如图 5-24 所示。

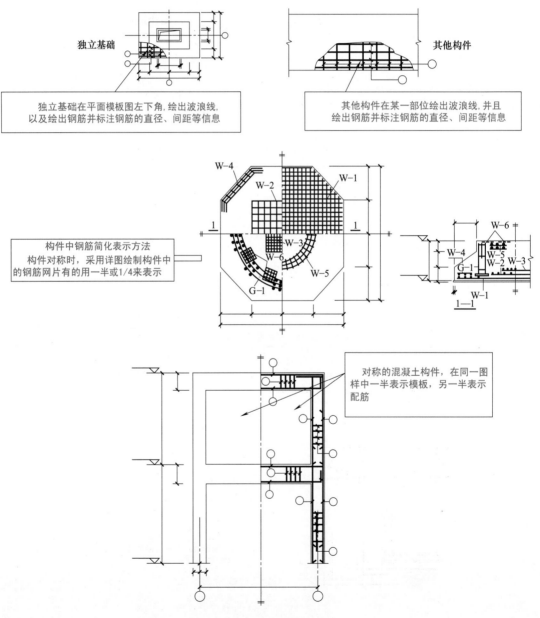

图 5-24　钢筋的简化表示法

5.4.6　钢筋的标注与表示

钢筋的标注与表示如图 5-25 所示。

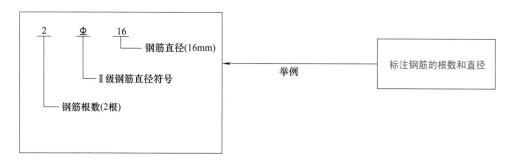

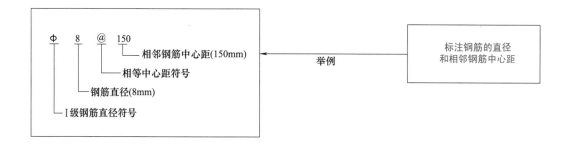

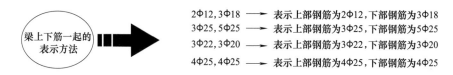

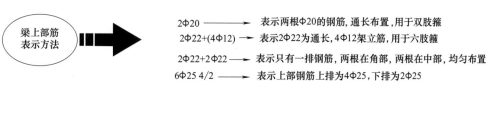

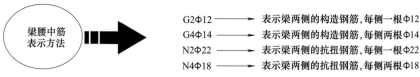

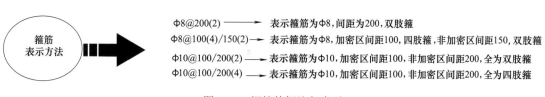

图 5-25　钢筋的标注与表示

知识小贴士

钢筋的标注识读图例如图 5-26 所示。

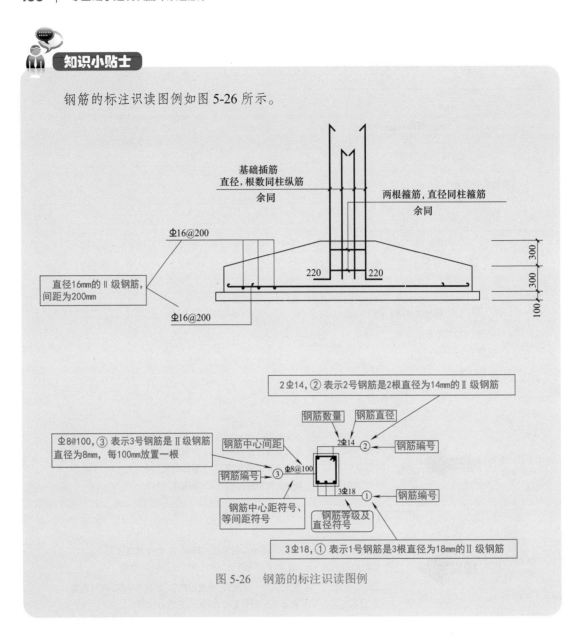

图 5-26　钢筋的标注识读图例

5.4.7　混凝土结构环境类型与混凝土保护层的最小厚度

混凝土结构环境类型与混凝土保护层的最小厚度见表 5-3。

表 5-3　混凝土结构环境类型与混凝土保护层的最小厚度　　　　单位：mm

环境类别	条　　　件	板、墙	梁、柱
一	室内干燥环境； 无侵蚀性静水浸没环境	15	20
二 a	室内潮湿环境； 非严寒和非寒冷地区的露天环境； 非严寒和非寒冷地区与无侵蚀性的水或土壤直接接触的环境； 严寒和寒冷地区的冰冻线以下与无侵蚀性的水或土壤直接接触的环境	20	25

续表

环境类别	条　件	板、墙	梁、柱
二 b	干湿交替环境； 水位频繁变动环境； 严寒和寒冷地区的露天环境； 严寒和寒冷地区冰冻线以上与无侵蚀性的水或土壤直接接触的环境	25	35
三 a	严寒和寒冷地区冬季水位变动区环境； 受除冰盐影响环境； 海风环境	30	40
三 b	盐渍土环境； 受除冰盐作用环境； 海岸环境	40	50

注：1. 表中混凝土保护层厚度指最外层钢筋外边缘至混凝土表面的距离，适用于设计使用年限为 50 年的混凝土结构。

2. 构件中受力钢筋的保护层厚度不应小于钢筋的公称直径。

3. 一类环境中，设计使用年限为 100 年的结构最外层钢筋的保护层厚度不应小于表中数值的1.4倍；二、三类环境中，设计使用年限为 100 年的结构应采取专门的有效措施。

4. 混凝土强度等级不大于 C25 时，表中保护层厚度数值应增加 5mm。

5. 基础底面钢筋的保护层厚度，有混凝土垫层时应从垫层顶面算起，且不应小于40mm，无垫层时不应小于70mm。

5.4.8　识读混凝土结构图的技巧

（1）钢筋混凝土结构配筋图与模板图的特点如图 5-27 所示。

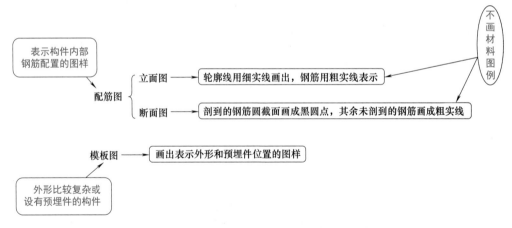

图 5-27　钢筋混凝土结构配筋图与模板图的特点

（2）钢筋、钢丝束的说明，一般会给出钢筋的代号、直径、数量、间距、编号、所在位置，并且其说明一般沿钢筋的长度标注或标注在相关钢筋的引出线上。

（3）钢筋网片的编号，一般是标注在对角线上。网片的数量，一般是与网片的编号标注在一起。

（4）钢筋、杆件等编号的直径，一般是采用 5 ～ 6mm 的细实线圆表示的，并且其编号往往采用的是阿拉伯数字根据顺序编写的。

（5）如果是简单的构件、钢筋种类较少的情况，则可能没有编号。

（6）钢筋在平面图中的配置表示方法如图 5-28 所示。

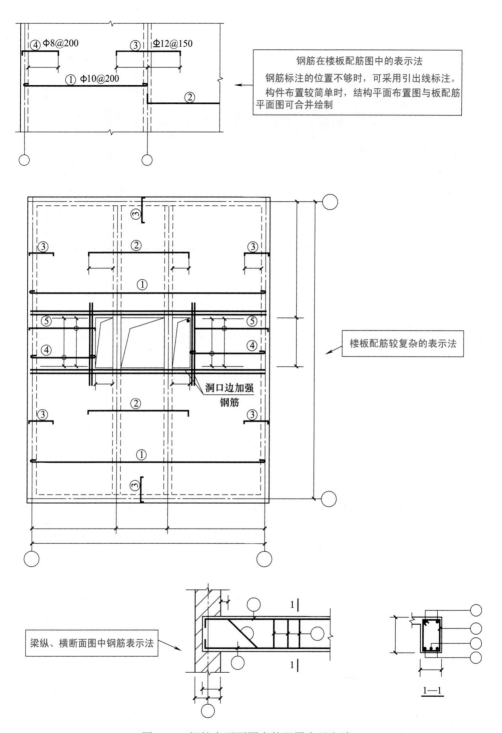

图 5-28　钢筋在平面图中的配置表示方法

（7）构件配筋图中箍筋、弯起钢筋的高度尺寸表示方法如图 5-29 所示。

5.4.9　混凝土结构预埋件、预留孔洞的表示法

混凝土结构预埋件、预留孔洞的表示法如图 5-30 所示。

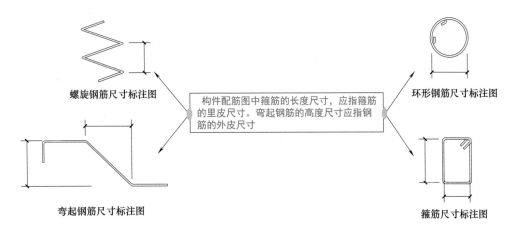

图 5-29　构件配筋图中箍筋、弯起钢筋的高度尺寸表示方法

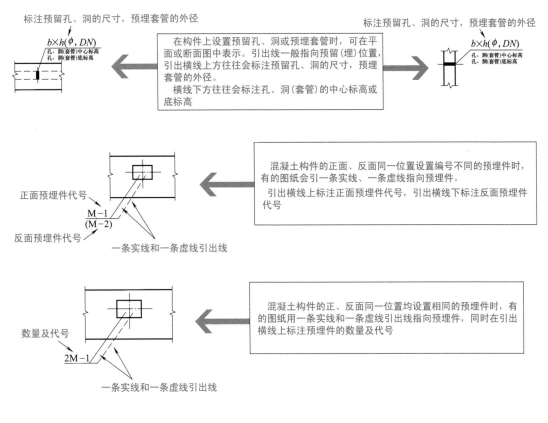

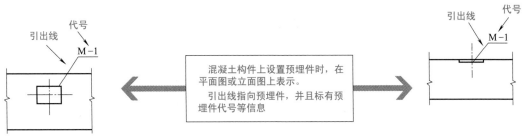

图 5-30　混凝土结构预埋件、预留孔洞的表示法

5.4.10 混凝土结构钢筋的弯曲类型

混凝土结构钢筋的弯曲类型如图 5-31 所示。

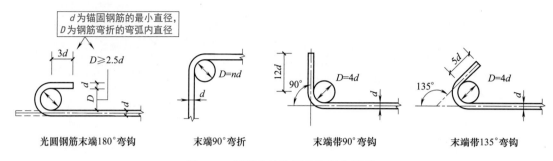

图 5-31 混凝土结构钢筋的弯曲类型

5.4.11 剪力墙分布钢筋间距图

剪力墙分布钢筋间距如图 5-32 所示。

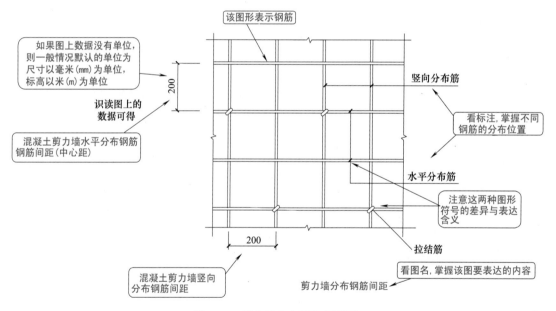

图 5-32 剪力墙分布钢筋间距图

5.5 平面整体表示法

5.5.1 平面整体表示法概述

混凝土结构施工图平面整体表示方法，也就是平面表示法，简称平法。平面整体表示法是把结构构件的尺寸、钢筋等，根据"平面整体表示方法"制图规则，整体直接表达在各类构件的结构平面布置图上，再与标准构造详图相配合，即构成一套完整的结构施工图的一种方法。

平面整体表示法改变了传统的那种将构件从结构平面布置图中索引出来，再逐个绘制配筋详图的繁琐方法。

平面整体表示法的主要应用如图 5-33 所示。

图 5-33　平面整体表示法的主要应用

平面整体表示法的要求与特点如图 5-34 所示。

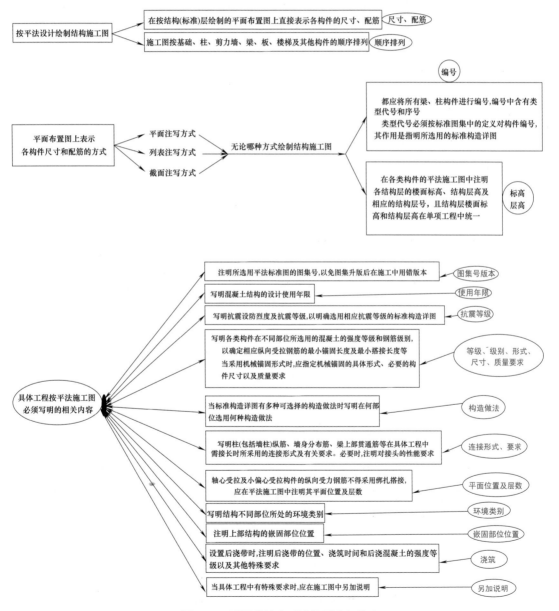

图 5-34　平面整体表示法的要求与特点

5.5.2 柱平法施工图

柱平法施工图的定义与分类如图 5-35 所示。列表柱平法施工图的特点如图 5-36 所示。柱编号的要求见表 5-4。截面注写柱平法施工图的特点如图 5-37 所示。

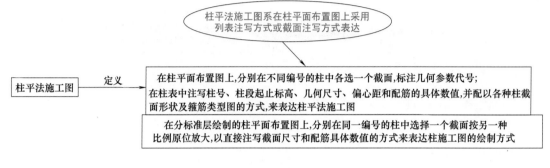

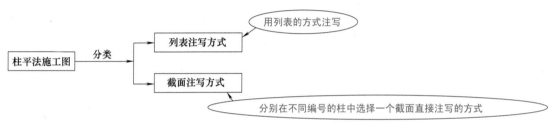

图 5-35 柱平法施工图的定义与分类

表 5-4 柱编号的要求

柱类型	代号	序号
框架柱	KZ	××
转换柱	ZHZ	××
芯柱	XZ	××
梁上柱	LZ	××
剪力墙上柱	QZ	××

注：编号时，当柱的总高、分段截面尺寸和配筋均对应相同，仅截面与轴线的关系不同时，仍可将其编为同一柱号，但应在图中注明截面与轴线的关系。

5.5.3 梁平法施工图

梁平法施工图的分类如图 5-38 所示，特点如图 5-39 所示，原位标注的特点如图 5-40 所示，截面标注的特点如图 5-41 所示。梁编号的要求见表 5-5。

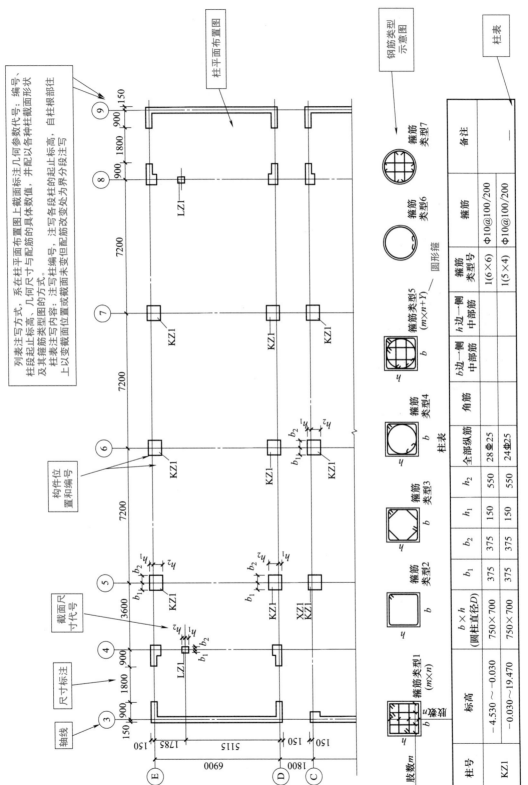

图 5-36

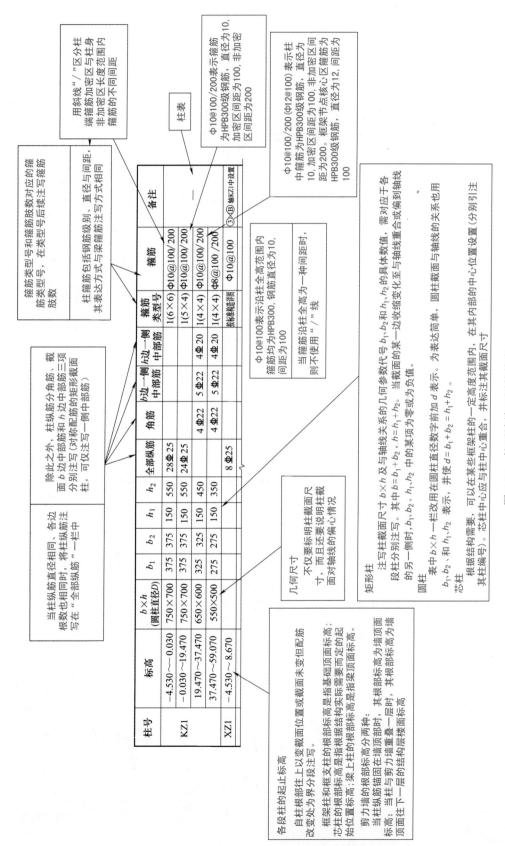

图 5-36 柱平法施工图的特点

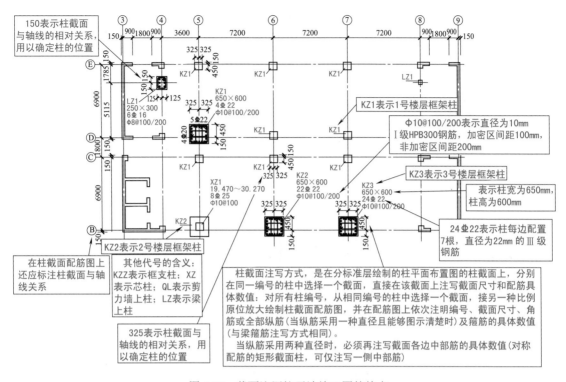

图 5-37　截面注写柱平法施工图的特点

图 5-38　梁平法施工图的分类

表 5-5　梁编号的要求

梁类型	代号	序号	跨数及是否带有悬挑
楼层框架梁	KL	××	(××)、(××A) 或 (××B)
楼层框架扁梁	KBL	××	(××)、(××A) 或 (××B)
屋面框架梁	WKL	××	(××)、(××A) 或 (××B)
框支梁	KZL	××	(××)、(××A) 或 (××B)
托柱转换梁	TZL	××	(××)、(××A) 或 (××B)
非框架梁	L	××	(××)、(××A) 或 (××B)
悬挑梁	XL	××	(××)、(××A) 或 (××B)
井字梁	JZL	××	(××)、(××A) 或 (××B)

注：1.（××A）为一端有悬挑，（××B）为两端有悬挑，悬挑不计入跨数。

2. 楼层框架扁梁节点核心区代号 KBH。

3. 非框架梁 L、井字梁 JZL 表示端支座为铰接；当非框架梁 L、井字梁 JZL 端支座上部纵筋为充分利用钢筋的抗拉强度时，在梁代号后加 "g"。

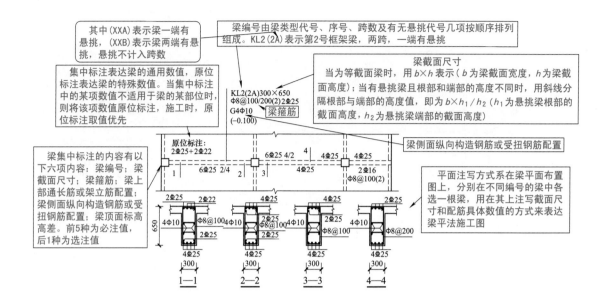

Φ10@/100/200(4)表示箍筋为HPB300级钢筋，直径为10mm，加密区间距为100，非加密区间距为200，均为四肢箍。
Φ8@100(4)/150(2)表示箍筋为HPB300钢筋，直径为8mm，加密区间距为100mm，四肢箍；非加密区间距为150mm，两肢箍

例如

包括钢筋级别、直径、加密区与非加密区间距及肢数。
箍筋加密区与非加密区的不同间距及肢数需用斜线"/"分隔；
当梁箍筋为同一种间距及肢数时，则不需要斜线；
当加密区与非加密区的箍筋肢数相同时，则将肢数注写一次；
箍筋肢数应写在括号内。
加密区范围见相应抗震级别的标准构造详图

梁箍筋

非框架梁、悬挑梁、井字梁采用不同的箍筋间距及肢数时，也用斜线"/"将其分隔开来。
注写时，先注写梁支座端部的箍筋（包括箍筋的箍数、钢筋级别、直径、间距与肢数），
在斜线后注写梁跨中部分的箍筋间距及肢数

例如

13Φ10@150/200(4)，表示箍筋为HPB300钢筋，直径为10mm；梁的两端各有13个四肢箍，间距为150mm；梁跨中部分间距为200mm，四肢箍。18Φ12@150/(4)/200(2)，表示箍筋为HPB300钢筋，直径为12mm；梁的两端各有18个四肢箍，间距为150mm；梁跨中部分，间距为200mm，双肢箍

2⊕22用于双肢箍；2⊕22+(4Φ12)用于六肢箍，其中2⊕22为通长筋，4Φ12为架立筋

例如

梁上部通长筋或架立筋配置（通长筋可为相同或不同直径采用搭接连接、机械连接或焊接的钢筋）。
所注规格与根数应根据结构受力要求及箍筋肢数等构造要求而定。
当同排纵筋中既有通长筋又有架立筋时，应用加号"+"将通长筋和架立筋相连。注写时需将角部纵筋写在加号的前面，架立筋写在加号后面的括号内，以示不同直径及与通长筋的区别。当全部采用架立筋时，则将其写入括号内

梁上部通长筋或架立筋配置

当梁的上部纵筋和下部纵筋为全跨相同，且多数跨配筋相同时，此项可加注下部纵筋的配筋值，用分号";"将上部与下部纵筋的配筋值分隔开来

例如

3⊕22;3⊕20表示梁的上部配置3⊕22的通长筋，梁的下部配置3⊕20的通长筋

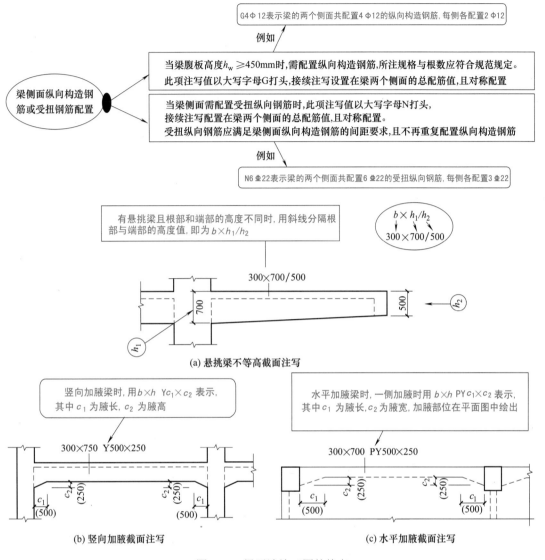

图 5-39　梁平法施工图的特点

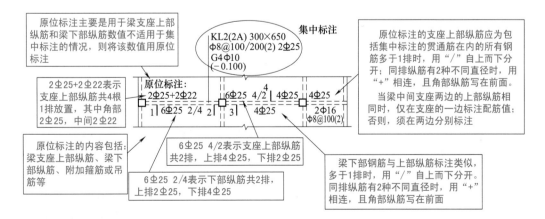

图 5-40

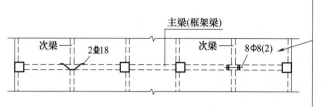

图 5-40　梁平法施工图原位标注的特点

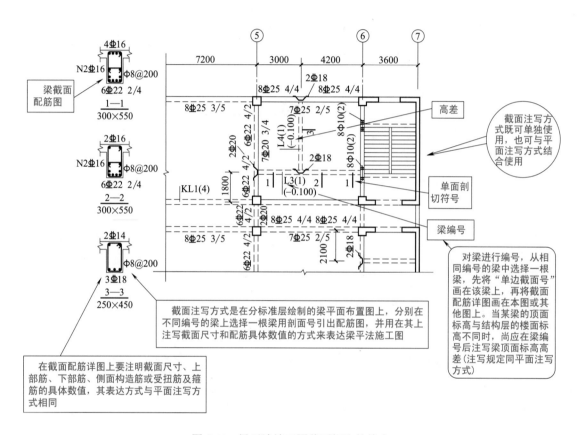

图 5-41　梁平法施工图截面标注的特点

5.5.4　剪力墙平法施工图

剪力墙又叫做抗风墙、抗震墙、结构墙。房屋或构筑物中的剪力墙是指主要承受风荷载或地震作用引起的水平荷载、竖向荷载（重力）的墙体，是防止结构剪切（受剪）破坏的一种墙。剪力墙一般是用钢筋混凝土做成的。

承重墙是指支撑着上部楼层重量的墙体，可以是钢筋混凝土结构，也可以是砖混结构。剪力墙可以做承重墙，也可以做非承重墙。但是，一般而言，剪力墙都是承重墙。

剪力墙的应用如图 5-42 所示。剪力墙平法施工图的特点如图 5-43 所示。剪力墙平法施工图图解如图 5-44 所示。

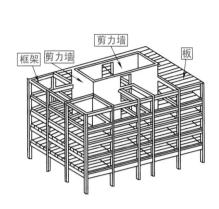

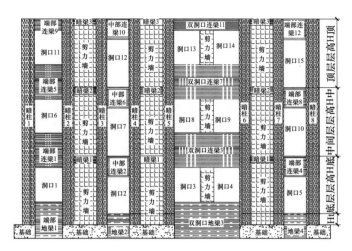

图 5-42　剪力墙的应用

剪力墙平面布置图可采用适当比例单独绘制,也可与柱或梁平面布置图合并绘制。

当剪力墙较复杂或采用截面注写方式时,按标准层分别绘制剪力墙平面布置图。

对于轴线未居中的剪力墙(包括端柱),标注其偏心定位尺寸。

剪力墙平法施工图指在剪力墙平面布置图上采用

- 截面注写法
- 列表注写法

剪力墙平法施工图表示方法

剪力墙可视为由剪力墙柱、剪力墙身和剪力墙梁三类构件构成。
列表注写方式是指分别在剪力墙柱表、剪力墙身表和剪力墙梁表中,对应于剪力墙平面布置图上的编号,用绘制截面配筋图并注写几何尺寸与配筋具体数值的方式,来表示剪力墙平法施工图

在分标准层绘制的剪力墙平面布置图上,以直接在墙柱、墙身、墙梁上注写截面尺寸和配筋具体数值的方式来表达剪力墙平法施工图。
截面注写法的特点:选用适当比例原位放大绘制剪力墙平面布置图,其中对墙柱绘制配筋截面图;对所有墙柱、墙身、墙梁分别按规定进行编号,分别在相同编号的墙柱、墙身、墙梁中选择一根墙柱、一道墙身、一根墙梁进行注写

图 5-43　剪力墙平法施工图的特点

各段墙身起止标高,自墙身根部往上以变截面位置或截面未变但配筋改变处为界分段注写。
墙身根部标高系指基础顶面标高(如为框支剪力墙结构则为框支梁顶面标高)

水平分布钢筋、竖向分布钢筋和拉筋的具体数值。
数值为一排水平分布钢筋和竖向分布钢筋的规格与间距,具体设置几排均在墙身编号后面表达

墙身编号

拉结筋注明布置方式"矩形"或"梅花"布置

剪力墙身编号

类型	代号	序号	说明
剪力墙身	Q(×)	××	剪力墙身指剪力墙除去端柱、边缘暗柱、边缘异形墙、边缘转角墙后的墙身部分。Q(×)中的"×"为钢筋的排数

剪力墙身表

编号	标高	墙厚	水平分布筋	垂直分布筋	拉筋(矩形)
Q1	-0.030~30.270	300	⏀12@200	⏀12@200	⏀6@600@600
Q1	30.270~59.070	250	⏀10@200	⏀10@200	⏀6@600@600
Q2	-0.030~30.270	250	⏀10@200	⏀10@200	⏀6@600@600
Q2	30.270~59.070	200	⏀10@200	⏀10@200	⏀6@600@600

编号时,如若干墙身的厚度尺寸和配筋均相同,仅墙厚与轴线的关系或墙身长度不同时,可将其编为同一墙身号

分布钢筋网的排数:
当剪力墙厚度不大于400mm时,应配置双排
当其厚度大于400mm,但不大于700mm时,宜配置三排;当剪力墙厚度大于700mm时,宜配置四排。
各排水平分布筋和竖向分布筋的直径和根数保持一致。

图 5-44

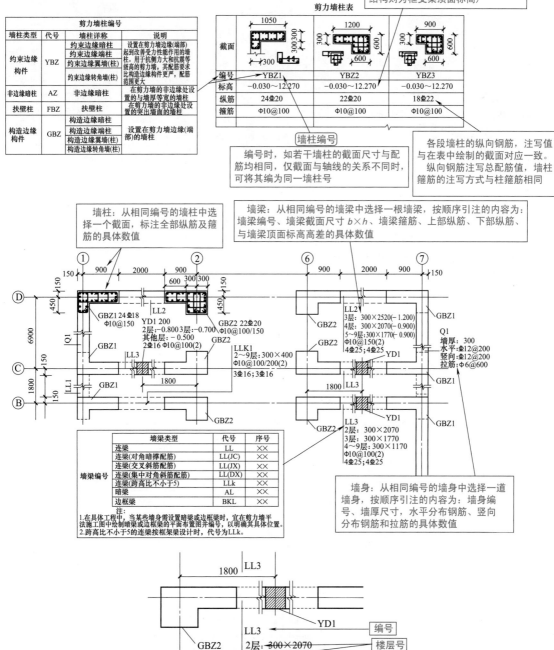

剪力墙柱编号			
墙柱类型	代号	墙柱详称	说明
约束边缘构件	YBZ	约束边缘暗柱	设置在剪力墙边缘（端部）起到改善受力性能作用的墙柱。用于抗配力大和抗震等级高的剪力墙，其配筋要求比构造边缘构件更严，配筋范围更大
		约束边缘端柱	
		约束边缘翼墙（柱）	
		约束边缘转角墙（柱）	
非边缘暗柱	AZ	非边缘暗柱	在剪力墙的非边缘处设置的与墙厚等宽的墙柱
扶壁柱	FBZ	扶壁柱	在剪力墙的非边缘处设置的突出墙面的墙柱
构造边缘构件	GBZ	构造边缘暗柱	设置在剪力墙边缘（端部）的墙柱
		构造边缘端柱	
		构造边缘翼墙（柱）	
		构造边缘转角墙（柱）	

各段墙柱的起止标高，自墙柱根部往上以变截面位置或截面未变但配筋改变处为界分段注写。墙柱根部标高系指基础顶面标高（如为框支剪力墙结构则为框支梁顶面标高）

剪力墙柱表

截面	1050	1200	900
编号	YBZ1	YBZ2	YBZ3
标高	−0.030~12.270	−0.030~12.270	−0.030~12.270
纵筋	24Φ20	22Φ20	18Φ22
箍筋	Φ10@100	Φ10@100	Φ10@100

墙柱编号

编号时，如若干墙柱的截面尺寸与配筋均相同，仅截面与轴线的关系不同时，可将其编为同一墙柱号

各段墙柱的纵向钢筋，注写值与在表中绘制的截面对应一致。纵向钢筋注写总配筋值，墙柱箍筋的注写方式与柱箍筋相同

墙柱：从相同编号的墙柱中选择一个截面，标注全部纵筋及箍筋的具体数值

墙梁：从相同编号的墙梁中选择一根墙梁，按顺序引注的内容为：墙梁编号、墙梁截面尺寸 $b×h$、墙梁箍筋、上部纵筋、下部纵筋、与墙梁顶面标高高差的具体数值

墙梁类型	代号	序号
连梁	LL	××
连梁（对角暗撑配筋）	LL(JC)	××
连梁（交叉斜筋配筋）	LL(JX)	××
连梁（集中对角斜筋配筋）	LL(DX)	××
连梁（跨高比不小于5）	LLk	××
暗梁	AL	××
边框梁	BKL	××

墙梁编号

注：
1. 在具体工程中，当某些墙身需设置暗梁或边框梁时，宜在剪力墙平法施工图中绘制暗梁或边框梁的平面布置图并编号，以明确其具体位置。
2. 跨高比不小于5的连梁按框架梁设计时，代号为LLk。

墙身：从相同编号的墙身中选择一道墙身，按顺序引注的内容为：墙身编号、墙厚尺寸，水平分布钢筋、竖向分布钢筋和拉筋的具体数值

剪力墙梁注写示意

编号 — LL3
楼层号 — 2层：300×2070
尺寸 — 3层：300×1770
4~9层：300×1170
箍筋（肢数）— Φ10@100(2)
下部纵筋 — 4Φ25;4Φ25
上部纵筋

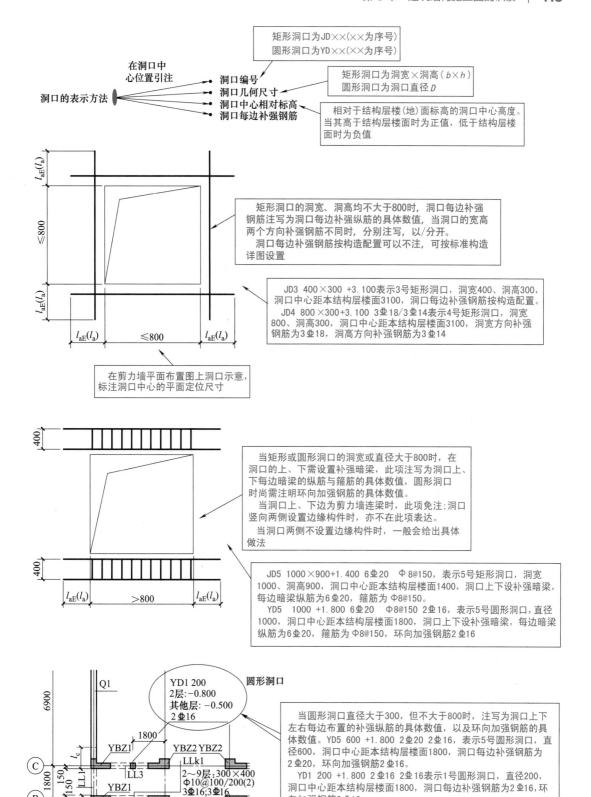

图 5-44 剪力墙平法施工图图解

5.6 建筑基础图的识读

5.6.1 建筑地基的基本术语

建筑地基的基本术语见表 5-6。

表 5-6 建筑地基的基本术语

术语	定　义
地基	支承基础的土体或岩体
地基承载力	地基承受荷载的能力
地基处理	为提高地基强度或改善其变形性能或渗透性能而采取的一种技术措施
地基稳定性	地基在荷载作用下不发生过大变形或滑动的一种性质
动力机器基础	承受机械设备所产生的静力、振动力、不平衡扰动力或冲击力的一种基础
基础	将结构所承受的各种作用传递到地基上的结构组成部分
基坑工程	为保证地面向下开挖形成的地下空间在地下结构施工期间的安全稳定所需的挡土结构及地下水控制、环境保护等措施的一种总称
建筑边坡	在建筑场地或其周边的对建筑物有影响的自然边坡，或由于土方开挖、填筑形成的人工边坡
浅基础	埋置深度不超过 5m，或不超过基底最小宽度，在其承载力中不计入基础侧壁岩土摩阻力的一种基础
人工地基	天然地基采用地基处理技术措施进行处理后形成的一种地基
深基础	埋置深度超过 5m，或超过基底最小宽度，在其承载力中计入基础侧壁岩土摩阻力的一种基础
天然地基	自然形成的、未经人工处理的一种地基
土	岩石经风化作用形成的岩屑与矿物颗粒，在原地或经搬运在异地混入自然界中的其他物质后形成的堆积物
岩石	经地质作用形成的由矿物颗粒间牢固联结、呈整体或具有节理裂隙的一种集合体
岩土工程	土木工程中与岩石、土、地下水有关的部分
桩基础	由设置于岩土中的桩和与桩顶连接的承台共同组成的基础，或由柱与桩直接连接的一种单桩基础

5.6.2 天然地基的一般术语

天然地基的一般术语见表 5-7。

表 5-7 天然地基的一般术语

术语	定　义
不均匀地基	由软硬程度或厚度变化较大的土层构成的一种地基
持力层	基础下直接承受荷载的一种地基土层
地基变形	地基土在外力作用下或其他因素的影响下所产生的体积、形状的变化
基岩	出露于地表或被松散沉积物覆盖的一种岩层
均匀地基	由软硬程度和厚度变化不大的土层构成的一种地基
软弱下卧层	持力层以下强度和模量较上层土明显偏低的一种土层

5.6.3　浅基础的一般术语

浅基础的一般术语见表 5-8。

表 5-8　浅基础的一般术语

术语	定　义
沉降缝	为减轻地基不均匀沉降对建筑物影响而设置的从基础到结构顶部完全分割的一种竖向缝
弹性地基梁	地基所受的压力与沉降间的关系符合弹性假定的一种基础梁
独立基础	独立承受柱荷载的一种基础
筏形基础	柱下或墙下连续的平板式或梁板式钢筋混凝土的一种基础
刚性基础	由砖、毛石、混凝或毛石混凝土、灰土和三合土等材料组成，不配置钢筋的墙下条形基础或柱下独立基础
基础垫层	设置在基础和地基土之间，用于隔水、排水、防冻以及改善基础和地基工作条件的低强度等级混凝土层、三合土层、灰土层等
基础高度	基础顶面到基础底面的垂直距离
基础埋置深度	基础埋于土层的深度，一般指从室外地坪到基础底面的垂直距离
基础有效高度	基础受压边缘到受拉区受拉钢筋合力点间的距离
扩展基础	扩散上部结构传来的荷载，使作用在基底的压应力满足地基承载力的设计要求，并且基础内部的应力满足材料强度的设计要求，通过向侧边扩展一定底面积的一种基础
伸缩缝	为减轻温度变化引起的材料胀缩变形对建筑物的影响而设置的一种间隙
十字交叉条形基础	纵横两向柱列下条形基础构成的呈十字交叉形状的一种整体基础
条形基础	传递墙体荷载或间距较小柱荷载的条状的一种基础
弯曲刚度	材料的弹性模量与其弯曲方向截面惯性矩的乘积
箱形基础	由底板、顶板、侧墙及一定数量内隔墙构成的整体刚度较好的单层或多层钢筋混凝土基础
柱下条形基础	连接上部结构柱列的单向条状钢筋混凝土基础

5.6.4　桩基础的一般术语

桩基础的一般术语见表 5-9。

表 5-9　桩基础的一般术语

术语	定　义
单桩基础	由单桩承受和传递荷载的一种基础
复合基桩	复合桩基中的一种基桩
复合桩基	由基桩和承台下地基土共同承担荷载的桩基础
基桩	桩基础中的单桩
减沉复合疏桩基础	软土天然地基承载力基本满足要求的条件下，为减小沉降采用疏布摩擦型桩的一种复合桩基
群桩基础	由两根以上的桩和承台组成的一种基础
群桩效应	群桩基础在荷载作用下，由于承台、桩、土的相互作用使基桩桩侧阻力、桩端阻力、沉降与独立单桩明显不同的一种效应
土塞效应	敞口空心桩在沉桩过程中土体挤入管内形成的土塞，对桩端阻力的发挥程度产生影响的效应

术语	定　义
桩	沉入、打入或浇筑于地基中的柱状承载构件
桩承台	单桩或群桩桩顶的钢筋混凝土构件
桩筏基础	由桩和筏形基础共同承载的一种基础
桩箱基础	由桩和箱形基础共同承载的一种基础

5.6.5　沉井与沉箱基础的一般术语

沉井基础与沉箱基础的一般术语见表 5-10。

表 5-10　沉井基础与沉箱基础的一般术语

术语	定　义
沉井基础	上下敞口带刃脚的空心井筒状结构，依靠自重或配以助沉措施下沉到设计标高处，以井筒作为结构的一种基础
沉井封底	沉井下沉到设计标高、清理井底后进行水下灌注混凝土（湿封底）或铺设垫层后浇筑钢筋混凝土底板
沉箱基础	将在地面制作的、顶部封闭的钢筋混凝土箱体，通过箱内挖土，使其下沉到设计标高封口后形成的一种基础
浮运沉井	深水区筑岛建造沉井有困难、不经济或有碍通航且河流流速不大时，可采用在岸边干坞浇筑沉井，然后浮运到设计位置就位下沉。采用这种方法施工的沉井称为浮运沉井
井壁	沉井最外围的墙体。在沉井下沉过程中起挡土、挡水及利用本身重量克服土与井壁之间的摩阻力的作用
内隔墙	在沉井井筒内设置若干纵横向墙体，与井壁组成若干井筒，形成双孔或多孔沉井
强迫下沉	当沉箱不能依靠自重力下沉时，通过增加压重或降低沉箱工作室气压等迫使沉箱下沉的方法
刃脚	井壁最下端呈楔形的部分，楔形可使沉井在自重作用下易于切土下沉
压气沉箱	在沉箱底部设置高气密性的钢筋混凝土工作室，向工作室中冲入压缩空气以防止水进入，作业人员或自动控制机械在该工作室内进行挖土排土以迫使沉箱下沉的施工方法

5.6.6　动力机器基础的一般术语

动力机器基础的一般术语见表 5-11。

表 5-11　动力机器基础的一般术语

术语	定　义
当量荷载	为便于分析而采用的与作用于原振动系统的动荷载相当的一种静荷载
地基刚度	地基抵抗变形的能力，其值为施加于地基上的力（力矩）与它引起的线变位之比
动沉降	在重复荷载作用下，当振动加速度超过某一限值后，地基土因振动挤密而产生的沉降
动承载力	地基承受振动荷载的一种能力
隔振	减少动力机器产生的振动、保证设备正常运行及减少其对环境影响的措施
机组	动力机器基础和基础上的机器、附属设备、填土的总称

5.6.7　基坑与建筑边坡工程基础的一般术语

基坑与建筑边坡工程的一般术语见表 5-12。

表 5-12　基坑与建筑边坡工程的一般术语

术　语	定　　义
边坡支护	为保证边坡及其环境的安全，对边坡采取的支挡、加固与防护等工程措施
超挖	超过设计工况规定深度的开挖
地下水控制	在基坑内外采取的排水、降水、截水或回灌等控制地下水位的措施
基坑支护	为保证基坑土方开挖、坑内施工和基坑周边环境的安全，对基坑侧壁稳定性进行治理和对地下水位进行控制的工程活动
基坑周边环境	基坑开挖影响范围内的既有建（构）筑物、道路、地下设施、地下管线、岩土体及地下水体等的一种总称

知识小贴士

基础类型外形如图 5-45 所示。

图 5-45　基础类型外形

5.6.8　基础平面图的识读

基础的组成如图 5-46 所示。

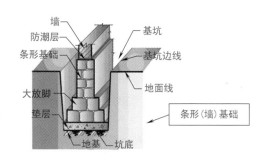

图 5-46　基础的组成

基础平面图主要用来指导抄平、放线、挖槽、打垫层等工作。基础平面图的基本内容如下。

（1）轴线编号、轴线间距。

（2）基础的形状、尺寸。

（3）垫层的尺寸、厚度。

（4）基础的编号。

（5）柱网。

（6）墙体。

（7）基础垫层。

（8）柱子断面。

（9）尺寸界线、标高数字、索引符号、注释文字。

（10）尺寸标注。

（11）图框、标题、名称、比例等。

基础平面图图例如图 5-47 所示。

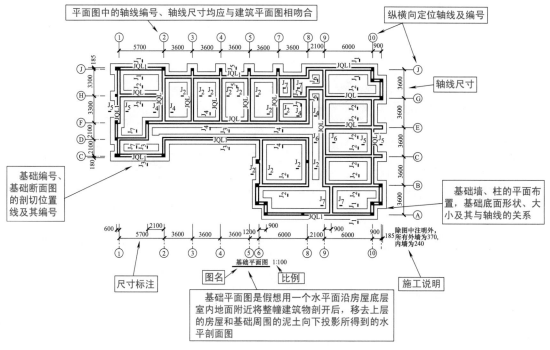

图 5-47　基础平面图图例

5.6.9　基础详图的识读

基础详图是通过垂直于平面轴线的剖切面剖切基础，所得到的一种剖面图。基础墙厚度、基础槽宽、基底标高、大放脚、暖气管沟的做法不相同时，则往往会以不同的详图来表示传达信息。

基础详图图例如图 5-48 所示。基础详图与基础平面图、建筑外墙详图，需要互相对照联系查看。看图时，需要参照不同的图纸查看轴线编号是否对应，轴线与墙的相对位置是否一致，勒脚、防潮层的做法是否一致等。

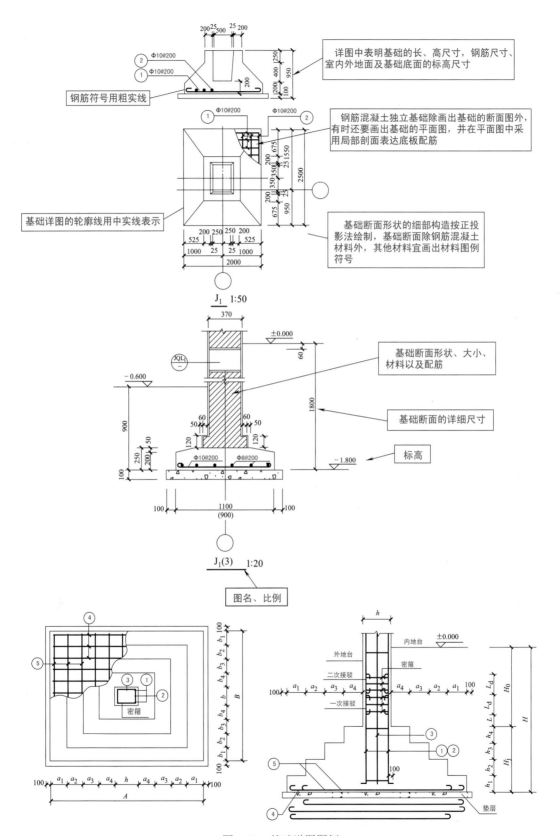

图 5-48　基础详图图例

基础图中预留孔洞的位置、标高、尺寸等项目，往往需要与设备专业图、电气专业图互相对照阅读。

5.7 结构平面图

5.7.1 结构平面图的内容

结构平面图的特点与类型如图 5-49 所示。

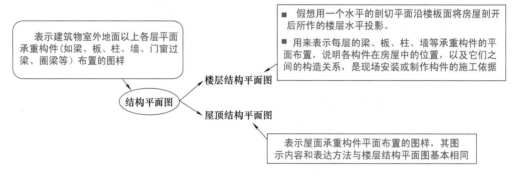

图 5-49 结构平面图的特点与类型

5.7.2 结构平面图的识读注意点

结构平面图的识读注意点如下。

（1）识读结构平面图时，楼层结构平面图、建筑平面图、节点详图应对照参看阅读。

（2）识读时，有关管道走向标高、梁板标高、预留孔洞标高应掌握清楚。

（3）在识读看图的同时，应结合有关规定、要求、说明进行核对。

（4）识读现浇钢筋混凝土楼层平面图时，还应掌握清楚配筋的编号、间距、规格、定位尺寸、文字说明、钢筋表等信息。

（5）识读时，应了解有关现行标准、规范的要求，以及与以前标准、规范的差异与改动情况。

第6章
建筑给水排水施工图的识读

6.1 给水排水识图的基础

6.1.1 专业图线型

给水排水专业图线型如图 6-1 所示。

粗实线
线宽 b，用于新设计的各种排水和其他重力流管线

粗虚线
线宽 b，用于新设计的各种排水和其他重力流管线的不可见轮廓线

中粗实线
线宽 0.7b，用于新设计的各种给水和其他压力流管线；原有的各种排水和其他重力流管线

中粗虚线
线宽 0.7b，用于新设计的各种给水和其他压力流管线及原有的各种排水和其他重力流管线的不可见轮廓线

中实线
线宽 0.5b，用于给水排水设备、零（附）件的可见轮廓线；总图中新建的建筑物和构筑物的可见轮廓线；原有的各种给水和其他压力流管线

中虚线
线宽 0.5b，用于给水排水设备、零（附）件的不可见轮廓线；总图中新建的建筑物和构筑物的不可见轮廓线；原有的各种给水和其他压力流管线的不可见轮廓线

细实线
线宽 0.25b，用于建筑的可见轮廓线；总图中原有的建筑物和构筑物的可见轮廓线；制图中的各种标注线

细虚线
线宽 0.25b，用于建筑的不可见轮廓线；总图中原有的建筑物和构筑物的不可见轮廓线

图 6-1

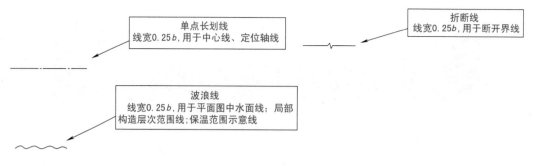

图 6-1　给水排水专业图线型

6.1.2　专业常用比例

给水排水专业常用比例如图 6-2 所示。有的管道纵断面图中，竖向与纵向采用不同的组合比例。建筑给水排水轴测系统图中，如果局部表达有困难时，则该图该处可以不根据比例绘制。另外，水处理工艺流程断面图、建筑给水排水管道展开系统图，也可以不根据比例绘制。

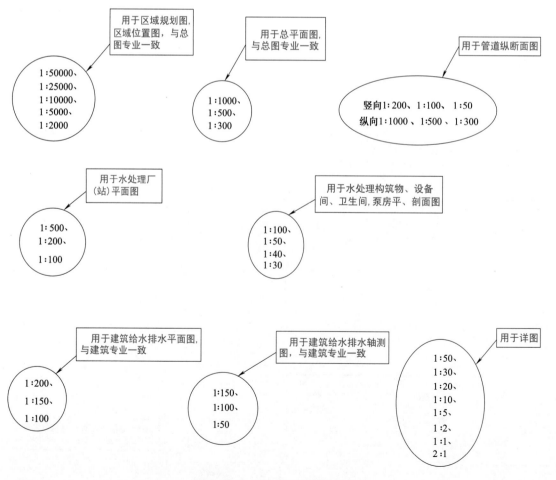

图 6-2　给水排水专业常用比例

6.1.3 专业有关标高

给水排水专业有关标高如图 6-3 所示。给水排水专业标高符号与一般标注方法，与房屋建筑标高是一样的。室内给水排水专业工程，常标注相对标高。室外给水排水专业工程，常标注绝对标高，当无绝对标高资料时，则标注相对标高，并且与总图专业一致。

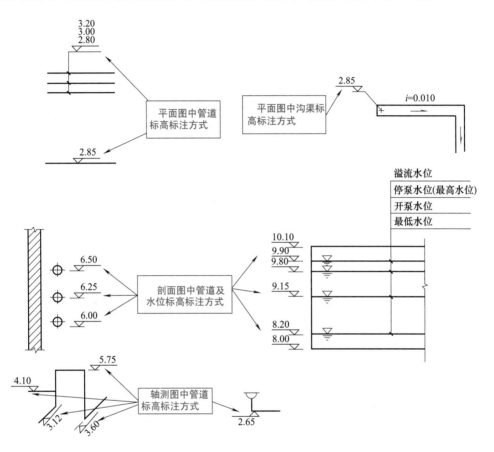

图 6-3　给水排水专业有关标高

压力管道，常标注管中心标高。重力流管道、沟渠，常标注管（沟）内底标高。标高单位，常以 m 计时，并且注写到小数点后第二位。

沟渠、重力流管道在建筑物内，常标注起点、变径（尺寸）点、变坡点、穿外墙、剪力墙处。

沟渠、重力流管道，在需控制标高处，也常标注了标高。

管道穿外墙、管道穿剪力墙、管道穿构筑物的壁、底板等位置，需标注标高。

压力流管道中的标高控制点，需标注标高。

不同水位线处，需标注标高。

有的图纸的建筑物内管道，是根据本层建筑地面的标高加管道安装高度的方式标注管道标高的，也就是 $H + \times.\times\times$，其中 H 表示本层建筑地面标高。

单体建筑，一般标注相对标高，有的图纸会注明相对标高与绝对标高的换算关系。总平面图，一般标注绝对标高，图纸中往往要注明标高体系。

6.1.4 专业管径的表示

管径的表示如图 6-4 所示。如果图纸均是采用公称直径 DN 表示管径的情况，则一般会有公称直径 DN 与相应产品规格对照表。

压力流管道，一般标注管道中心。重力流管道，一般标注管道内底。横管的管径，一般标注在管道的上方。竖向管道的管径，一般标注在管道的左侧。

另外，给水排水专业图纸中的管径单位一般为 mm。具体单位则需要根据具体图纸的注释与说明来确定。

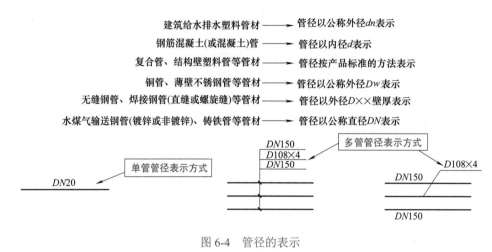

图 6-4　管径的表示

6.1.5 专业编号的表示

编号的表示如图 6-5 所示。给水排水专业总图中，如果同种给水排水附属构筑物的数量超过一个，图纸一般会进行编号，并且编号方法往往是采用构筑物代号加编号表示。

给水构筑物的编号顺序，一般是从水源到干管，再从干管到支管，最后到用户。

排水构筑物的编号顺序，一般是从上游到下游，先干管后支管。

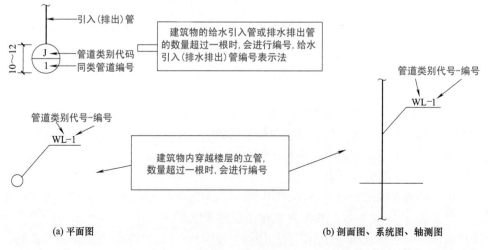

图 6-5　编号的表示

当给水排水工程的机电设备数量超过一台时，图纸一般会进行编号，并且往往有设备编号与设备名称对照表。

6.1.6　专业图纸的特点概述

给水排水专业图纸的图纸幅面规格、字体、符号等通常与房屋建筑图纸有关规定是一样的。

有的给水排水专业图纸，会在首页或次页有集中的施工说明。识读时，这部分需要仔细阅读。

给水排水专业图纸图样中的局部问题，一般是在本张图纸内以附注形式予以说明。

给水排水专业图纸中的设备、管道的平面布置、剖面图，一般是直接根据正投影法绘制的。

给水排水专业图纸中的单体项目平面图、剖面图、详图、放大图、管径等尺寸，一般以mm 为单位。标高、距离、管长、坐标等，一般以 m 计，精确度可到 cm。实际具体图的单位，则需要根据具体图纸的注释与说明来确定。

6.1.7　专业图号与图纸编排、布置

给水排水专业图纸编号、布置的规律如下。

（1）规划设计阶段的给水排水专业图纸，一般是以水规 -1、水规 -2 等类推形式表示的。

（2）初步设计阶段的给水排水专业图纸，一般是以水初 -1、水初 -2 等类推形式表示的。

（3）施工图设计阶段的给水排水专业图纸，一般是以水施 -1、水施 -2 等类推形式表示的。

（4）单体项目只有一张图纸时，一般是用水初 - 全、水施 - 全等类推形式表示的，在图纸图框线内的右上角往往标有"全部水施图纸均在此页"等字样。

（5）平面图中，一般根据地面下各层依次在前，地面上各层由低向高依次编排。

（6）总平面图中，一般根据管道布置图、管道节点图、阀门井剖面示意图、管道纵断面图或管道高程表、详图依次编排。

（7）施工图设计阶段，工程各单体项目通用的统一详图，一般是以水通 -1、水通 -2 等类推形式表示的。

（8）初步设计阶段工程设计的图纸目录，一般是以工程项目为单位进行编写的。

（9）施工图设计阶段工程设计的图纸目录，一般以工程项目的单体项目为单位进行编写。

（10）施工图设计阶段，工程各单体项目共同使用的统一详图，一般是单独进行编写。

（11）给水排水专业图纸，一般具有图纸目录、使用标准图目录、使用统一详图目录、主要设备器材表、图例等，其中设计施工说明在前，设计图样在后。

（12）图纸目录、使用标准图目录、使用统一详图目录、主要设备器材表、图例、设计施工说明在一张图纸内排列不完的情况下，有的图纸会根据所述内容顺序单独成图与编号。

（13）设计图样中，一般根据管道系统图、平面图、放大图、剖面图、轴测图、详图依次编排。

（14）管道展开系统图中，一般是根据生活给水、生活热水、直饮水、中水、污水、废水、雨水、消防给水等依次编排。

（15）水净化（处理）图中，一般是根据水净化（处理）工艺流程断面图、水净化（处理）机房（构筑物）平面图、剖面图、放大图、详图等依次编排。

（16）同一张图纸内绘制多个图样时，一般布置特点如下。

① 多个平面图，一般是根据建筑层次由低层到高层、由下而上的顺序布置。

② 既有平面图又有剖面图时，一般是根据平面图在下，剖面图在上或在右的顺序布置。

③ 图纸目录、使用标准图目录、设计施工说明、图例、主要设备器材表，一般是根据自上而下、从左向右的顺序布置。

④ 图样中某些问题需要用文字说明时，有的图纸会在图面的右下部位用"附注"的形式书写，并且对说明内容分条进行编号。

⑤ 安装图、详图，一般是根据索引编号，并且根据从上到下、由左向右的顺序布置。

⑥ 卫生间放大平面图，一般是平面放大图在上，从左向右排列，相应的管道轴测图在下，从左向右布置。

⑦ 每个图样在图样下方一般标注了图名，并且图名下往往会绘制一条中粗横线，长度与图名长度大概相等。图样比例一般标注在图名右下侧横线的上侧位置。

6.2 给水排水识图的图例

6.2.1 管道的图例

管道的图例见表 6-1。

表 6-1　管道的图例

名称	图例	名称	图例
蒸汽管	—— Z ——	循环冷却回水管	——XH——
凝结水管	—— N ——	热媒给水管	——RM——
废水管	—— F ——	热媒回水管	——RMH——
压力废水管	——YF——	膨胀管	—— PZ ——
通气管	—— T ——	保温管	∿∿∿
污水管	—— W ——	伴热管	=====
压力污水管	——YW——	多孔管	⊼ ⊼ ⊼
雨水管	—— Y ——	地沟管	┄┄┄
压力雨水管	——YY——	防护套管	▭
虹吸雨水管	——HY——	空调凝结水管	——KN——
生活给水管	—— J ——	排水明沟	坡向 →
热水给水管	—— RJ ——	排水暗沟	坡向 →
热水回水管	——RH——	管道立管	管道类别 立管 编号 XL-1　XL-1 平面　系统
中水给水管	—— ZJ ——		
循环冷却给水管	—— XJ ——		

6.2.2　管件的图例

管件的图例见表 6-2。

表 6-2　管件的图例

名称	图例	名称	图例
斜三通		偏心异径管	
正四通		同心异径管	
斜四通		乙字管	
浴盆排水管		喇叭口	
正三通		S 形存水弯	
TY 三通		P 形存水弯	
转动接头		90°弯头	

6.2.3　阀门的图例

阀门的图例见表 6-3。

表 6-3　阀门的图例

名称	图例	名称	图例
消声止回阀		浮球阀	平面　　系统
持压阀		水力液位控制阀	平面　　系统
泄压阀		延时自闭冲洗阀	
弹簧安全阀	通用	感应式冲洗阀	
平衡锤安全阀		吸水喇叭口	平面　　系统
自动排气阀	平面　　系统	疏水器	

名称	图例	名称	图例
闸阀		气动蝶阀	
角阀		减压阀	左侧为高压端
三通阀		旋塞阀	平面　系统
四通阀		底阀	平面　系统
截止阀		球阀	
蝶阀		隔膜阀	
电动闸阀		气开隔膜阀	
液动闸阀		气闭隔膜阀	
气动闸阀		温度调节阀	
电动蝶阀		压力调节阀	
液动蝶阀		电磁阀	
电动隔膜阀		止回阀	

6.2.4　给水配件的图例

给水配件的图例见表 6-4。

表 6-4　给水配件的图例

名称	图例	名称	图例
脚踏开关水嘴		水嘴	平面　系统
混合水嘴		皮带水嘴	平面　系统
旋转水嘴		洒水（栓）水嘴	
浴盆带喷头混合水嘴		化验水嘴	
蹲便器脚踏开关		肘式水嘴	

6.2.5　管道附件的图例

管道附件的图例见表 6-5。

表 6-5　管道附件的图例

名称	图例	名称	图例
排水漏斗	平面　系统	方形伸缩器	
圆形地漏	平面　系统	刚性防水套管	
方形地漏	平面　系统	柔性防水套管	
自动冲洗水箱		波纹管	
挡墩		可曲挠橡胶接头	单球　双球
减压孔板		管道固定支架	
Y 形除污器		立管检查口	
毛发聚集器	平面　系统	清扫口	平面　系统
倒流防止器		通气帽	成品　蘑菇形
吸气阀		雨水斗	YD—　YD— 平面　系统
真空破坏器		防虫网罩	
管道伸缩器		金属软管	

6.2.6　管道连接的图例

管道连接的图例见表 6-6。

表 6-6　管道连接的图例

名称	图例	名称	图例
弯折管	高 低　低 高	承插连接	
管道丁字上接	高／低	活接头	
管道丁字下接	高／低	管堵	
管道交叉	低／高	法兰堵盖	
法兰连接		盲板	

6.2.7　消防设施的图例

消防设施的图例见表 6-7。

表 6-7　消防设施的图例

名称	图例	名称	图例
自动喷洒头（闭式）下喷	平面　系统	消火栓给水管	——XH——
		自动喷水灭火给水管	——ZP——
自动喷洒头（闭式）上喷	平面　系统	雨淋灭火给水管	——YL——
自动喷洒头（闭式）上下喷	平面　系统	水幕灭火给水管	——SM——
侧墙式自动喷洒头	平面　系统	水炮灭火给水管	——SP——
水喷雾喷头	平面　系统	室外消火栓	
直立型水幕喷头	平面　系统	室内消火栓（单口）	平面　系统
下垂型水幕喷头	平面　系统	室内消火栓（双口）	平面　系统

续表

名称	图例	名称	图例
水泵接合器	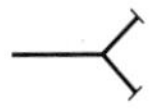	推车式灭火器	
自动喷洒头（开式）	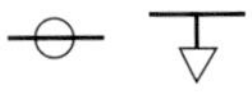 平面　系统	干式报警阀	 平面　系统
信号蝶阀	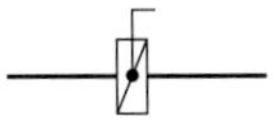	湿式报警阀	 平面　系统
消防炮	 平面　系统	预作用报警阀	 平面　系统
水流指示器	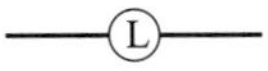 L	雨淋阀	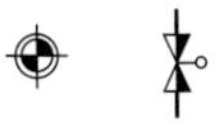 平面　系统
水力警铃		信号闸阀	
末端试水装置	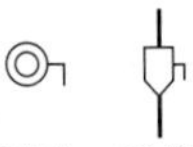 平面　系统	手提式灭火器	

6.2.8　卫生设备及水池的图例

卫生设备及水池的图例见表 6-8。

表 6-8　卫生设备及水池的图例

名称	图例	名称	图例
污水池	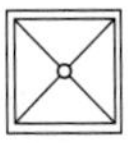	小便槽	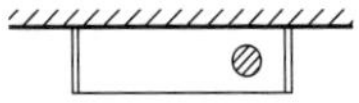
妇女净身盆		淋浴喷头	
立式小便器		立式洗脸盆	
壁挂式小便器		台式洗脸盆	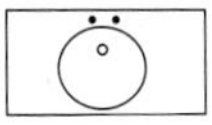
蹲式大便器	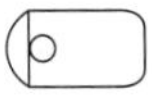	挂式洗脸盆	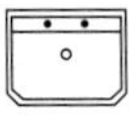
坐式大便器	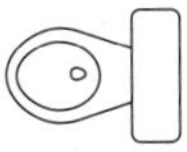	浴盆	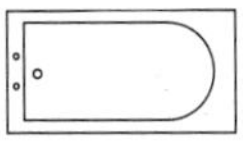

续表

名称	图例	名称	图例
化验盆、洗涤盆		带沥水板洗涤盆	
厨房洗涤盆		盥洗槽	

6.2.9　小型给水排水构筑物的图例

小型给水排水构筑物的图例见表 6-9。

表 6-9　小型给水排水构筑物的图例

名称	图例	说明	名称	图例	说明
雨水口（双算）		—	矩形化粪池	HC	HC 为化粪池
雨水口（单算）		—	隔油池	YC	YC 为隔油池代号
阀门井及检查井	J-×× W-×× Y-×× J-×× W-×× Y-××	以代号区别管道	沉淀池	CC	CC 为沉淀池代号
水封井		—	降温池	JC	JC 为降温池代号
跌水井		—	中和池	ZC	ZC 为中和池代号

6.2.10　给水排水设备的图例

给水排水设备的图例见表 6-10。

表 6-10　给水排水设备的图例

名称	图例	名称	图例
卧式水泵	平面　系统	管道泵	
立式水泵	平面　系统	卧式容积热交换器	
潜水泵		立式容积热交换器	
定量泵		快速管式热交换器	

续表

名称	图例	名称	图例
开水器		搅拌器	
喷射器		紫外线消毒器	ZWX
除垢器		板式热交换器	
水锤消除器			

6.2.11 给水排水专业所用仪表的图例

给水排水专业所用仪表的图例见表 6-11。

表 6-11 给水排水专业所用仪表的图例

名称	图例	名称	图例
温度计		真空表	
压力表		温度传感器	– – –T– – –
自动记录压力表		压力传感器	– – –P– – –
压力控制器		pH 传感器	– –pH– –
水表		酸传感器	– – –H– – –
自动记录流量表		碱传感器	– – –Na– – –
转子流量计	平面　　系统	余氯传感器	– – –Cl– – –

6.3 给水排水各种类型图的识读

6.3.1 总平面图管道布置图

总平面图管道布置图的特点如下。

（1）识读时，总图专业图纸与总平面图管道布置图应结合识读，并且一般从其中一图的建筑物、构筑物的名称、外形、编号、坐标、道路形状、比例、图样方向等，可以掌握另外一图的这些信息。因为总图专业图纸与总平面图管道布置图的建筑物、构筑物的名称、外形、编号、坐标、道路形状、比例、图样方向等往往是一致的。

（2）识读时，一般不要分几张图纸找给水、排水、热水、消防、雨水、中水等管道。因为，给水、排水、热水、消防、雨水、中水等管道一般绘制在一张图纸内。

（3）遇到管道种类较多，地形复杂，同一张图纸内将全部管道表示不清楚时的图纸，才会分几张图纸。如果根据压力流管道、重力流管道等分类，则管道图往往会分几张图纸。识读该类图纸，往往需要看几张图纸。

（4）如果图纸以绝对坐标定位，往往可以通过标注掌握管道起点处、转弯处、终点处的阀门井、检查井等的中心定位坐标。

（5）如果图纸是以相对坐标定位时，则往往标注的是管道与基准线的距离，其中基准线往往以建筑物外墙或轴线作为定位起始基准线。

（6）识读圆形构筑物的标注坐标与距离时，需要注意该类图多标注以圆心为基点的坐标或距建筑物外墙（或道路中心）的距离。

（7）识读矩形构筑物的标注坐标与距离时，需要注意该类图往往标注的是以两对角线为基点，标注坐标或距建筑物外墙的距离。

（8）总图中标注的标高，往往是绝对标高。

（9）指北针或风玫瑰图，一般在总图管道布图图样的右上角。

（10）建筑物标注室内 ±0.00 处的绝对标高标注图例如图 6-6 所示。

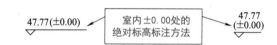

图 6-6　建筑物标注室内 ±0.00 处的绝对标高标注图例

6.3.2　给水管道节点图的特点概述

有的给水管道节点图，没有根据比例绘制，但是这类图的节点位置、编号、接出管方向一般与给水排水管道总图是一致的。

通过识读给水管道节点图，往往可以掌握管道管径、管道管长、管道泄水方向等信息。

通过识读节点阀门井图纸，往往可以掌握节点平面形状、节点平面大小、阀门和管件的布置、阀门和管件的管径、阀门和管件的连接方式、节点阀门井中心与井内管道的定位尺寸等信息。

6.3.3　总图管道布置图上标注管道标高的识读

总图管道布置图上标注管道标高的识读图例如图 6-7 所示。

6.3.4　建筑给水排水平面图的特点概述

建筑给水排水平面图的建筑物轮廓线、轴线号、房间名称、楼层标高、门、窗、梁柱、平台、绘图比例等，一般均与建筑专业图是一致的。

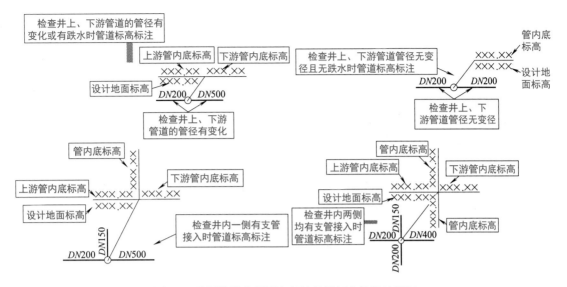

图 6-7　总图管道布置图上标注管道标高的识读图例

建筑给水排水平面图的各类管道、用水器具和设备、消火栓、喷洒水头、雨水斗、立管、管道、上弯或下弯、主要阀门、附件等的图例，一般以正投影法绘制在平面图上。

管道种类较多，如果在一张平面图内能够表达清楚时，则图纸往往不会分开绘制相应的平面图。如果在一张平面图内表达不清楚时，则图纸往往会将给水排水、消防或直饮水管分开，绘制相应的平面图。

有的图纸消火栓是分楼层自左到右按顺序进行编号的。

敷设在该层的各种管道、为该层服务的压力流管道，一般均是绘制在该层的平面图上。敷设在下一层而为本层的器具、设备排水服务的污水管、废水管、雨水管，一般是绘制在本层平面图上。如果有地下层的图纸，则各种排出管、引入管，有的图纸可能是绘制在地下层平面图上。

设备机房、卫生间等有放大图时，图纸上一般会有引出线，以及引出线上面会注明"详见水施 -××"的字样。

平面图、剖面图中局部部位有详图时，图纸上一般会在平面图、剖面图、详图上有被索引详图图样与编号。

建筑给水排水平面图中的引入管、排出管，图纸上一般有与建筑轴线的定位尺寸、穿建筑外墙的标高、防水套管形式等信息。

管道布置不相同的楼层，一般会有分别的平面图。管道布置相同的楼层，图纸上一般只提供一个楼层的平面图，并且一般具有楼层地面标高、管径、定位尺寸等信息。

地面层（±0.000）平面图，图纸上一般在图幅的右上方有指北针。

建筑给水排水平面图中的建筑各楼层地面标高，图纸上一般是以相对标高标注的，并且与建筑专业一致。

6.3.5　屋面给水排水平面图的特点概述

屋面给水排水平面图中的屋面形状、伸缩缝或沉降位置、图面比例、轴线号等，一般与建筑专业是一致的。

同一建筑的楼层面如有不同标高时，图纸上一般会分别注明不同高度屋面的标高、分界线。

屋面给水排水平面图中的雨水斗，图纸上一般会编号，并且每只雨水斗往往有汇水面积信息。

屋面给水排水平面图雨水管，图纸上一般会标注管径、坡度等信息。如果雨水管仅为系统原理图，则平面图上往往会标注雨水管起始点、终止点的管道标高。

屋面平面图中，图纸上一般会有污水管、废水管、污水潜水泵坑等通气立管的位置，以及立管编号等信息。

屋面平面图中的屋面，图纸上一般有雨水汇水天沟、雨水斗、分水线位置、屋面坡向、每个雨水斗的汇水范围、雨水横管、雨水主管等信息。

6.3.6 管道系统图与管道展开系统图的特点概述

通过识读管道系统图，一般能够掌握管道内的介质流经的设备、管道、附件、管件等连接和配置情况信息。

一般高层建筑、大型公共建筑采用了管道展开系统图。管道展开系统图，可以不受比例与投影法则的限制，根据不同管道种类进行绘制，以及根据系统编号。

识读管道展开系统图，可以结合平面图来进行。管道展开系统图与平面图中的引入管、排出管、立管、横干管、给水设备、附件、仪器仪表、用水和排水器具等要素一般是相对应的。

管道展开系统图中，往往有楼层地面线。层高相同时楼层地面线，一般是等距离的，楼层地面线左端会有楼层层次、相对应楼层地面标高信息。

管道展开系统图中的立管排列，图纸上往往是以建筑平面图左端立管为起点，以顺时针方向自左向右根据立管位置、编号依次顺序排列。立管上的引出管、接入管，图纸上往往是根据所在楼层用水平线绘出的，有的图纸没有标高信息，但是其方向、数量与平面图往往是一致的。污水管、废水管、雨水管，图纸上往往根据平面图接管顺序对应排列。立管偏置时，图纸上往往会在所在楼层用短横管表示。

管道展开系统图中的立管、横管、末端装置等，图纸上往往有管径信息。管道展开系统图中的横管，图纸上一般是与楼层线平行绘制的，并且与相应立管连接。如果横管为环状管道时，则两端往往封闭，并且封闭线处有轴线号。

管道展开系统图中，不同类别管道的引入管或排出管，图纸上一般具有所穿建筑外墙的轴线号，以及引入管或排出管的编号信息。

管道展开系统图中，管道上的阀门、附件，给水设备、给水排水设施、给水构筑物等，图纸上一般是根据图例示意绘制的。

6.3.7 局部平面放大图的特点概述

设备机房、局部给水排水设施、卫生间等用平面图难以表达清楚的情况，图纸上往往会提供局部平面放大图。

局部平面放大图，一般是根据一定比例绘制的平面布置图与平面定位尺寸。局部平面放大图中的设备、设施及构筑物等，图纸上一般是自左向右、自上而下进行编号的。

通过识读局部平面放大图，往往能够掌握各种管道与设备、设施及器具等相互接管关系、在平面图中的平面定位尺寸、建筑轴线编号、地面标高定位，以及各类管道上的阀门、附件实际位置与管径等信息。

局部平面放大图的建筑轴线编号、地面标高定位，往往与建筑平面图是一致的。设备机房平面放大图，图纸上往往在图签的上部有"设备编号与名称对照表"，从表中可以掌握有关设备的编号与名称等信息。

通过识读卫生间管道展开系统图，往往能够掌握管道的标高。

6.3.8　剖面图的特点概述

建筑给排水、雨水中水图纸中，在设备、设施数量多，各类管道重叠、交叉多，并且采用轴测图难表达清楚的情况下，图纸上一般会提供剖面图。

剖面图，往往是在剖切面处根据直接正投影法绘制出沿投影方向看到的设备、设施的形状、基础形式、构筑物内部的设备设施和不同水位线标高、设备设施和构筑物各种管道连接关系、仪器仪表的位置等。

剖面图的剖切位置，图纸上往往在能够反映设备、设施、管道全貌的部位。

剖面图的建筑结构外形，一般与建筑结构专业是一致的。

通过识读剖面图，往往能够掌握设备、设施、构筑物、各类管道的定位尺寸、标高、管径，以及建筑结构的空间尺寸、设施和管道上的阀门、附件和仪器仪表等位置及支架、吊架形式等信息。

识读剖面图局部部位详图时，可以根据索引符号来查找详图。剖面图中的剖切面编号，一般用阿拉伯数字从左到右顺序编号，并且剖切编号往往标注在剖切线一侧。剖切编号所在侧一般为该剖切面的剖示方向。

如果仅表示某楼层管道密集处的剖面图，则该剖面图往往在该层平画图内。

6.3.9　安装图与详图的特点概述

一些无定型产品选用的设备、附件、管件等，图纸上往往提供了制造详图。无标准图可供选用的用水器具安装图、构筑物节点图等，图纸上往往提供了施工安装图。

设备、附件、管件等制造详图，一般是以实际形状绘制的总装图，以及提供各零部件编号、零部件绘制制造图。零部件下面或左侧，图纸上往往具有编号、名称、规格、材质、数量、重量等信息。

安装图有关图线、符号、绘制方法等应符合现行国家标准《机械制图图样画法图线》《机械制图剖面符号》《机械制图装配图中零、部件序号及其编排方法》等有关规定。

设备、用水器具的安装图，一般是根据实际外形绘制的，并且具有各部件编号、安装尺寸代号，以及相应尺寸代号的安装尺寸表、安装所需的主要材料表等信息。

构筑物节点详图，一般与平面图或剖面图中的索引号是一致的，并且具有引出线、说明文字等信息。

6.3.10　变频调速供水装置原理图的识读

变频调速供水装置适用城镇、公共建筑、居住小区等生活给水系统。变频调速供水装置原理图图解如图 6-8 所示。

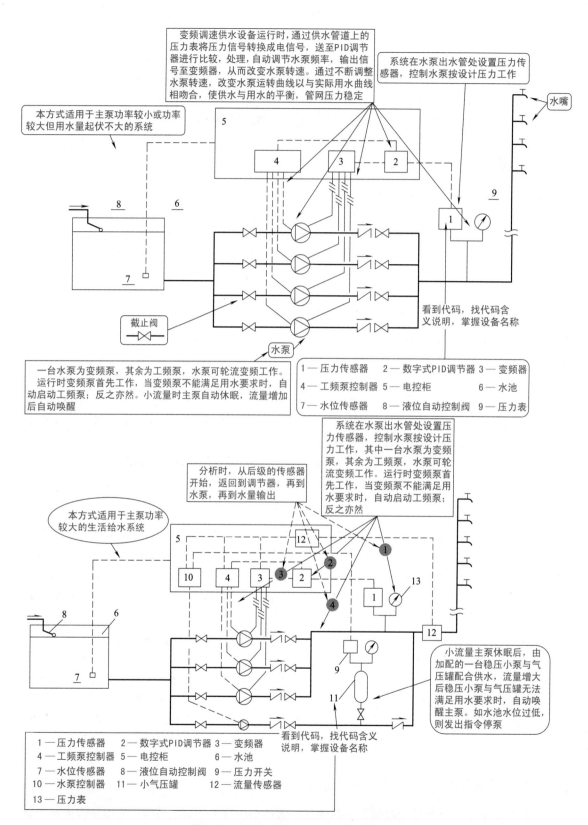

变频调速供水设备运行时，通过供水管道上的压力表将压力信号转换成电信号，送至PID调节器进行比较，处理，自动调节水泵频率，输出信号至变频器，从而改变水泵转速。通过不断调整水泵转速，改变水泵运转曲线以与实际用水曲线相吻合，使供水与用水的平衡，管网压力稳定

系统在水泵出水管处设置压力传感器，控制水泵按设计压力工作

本方式适用于主泵功率较小或功率较大但用水量起伏不大的系统

水嘴

截止阀

看到代码，找代码含义说明，掌握设备名称

水泵

一台水泵为变频泵，其余为工频泵，水泵可轮流变频工作。运行时变频泵首先工作，当变频泵不能满足用水要求时，自动启动工频泵；反之亦然。小流量时主泵自动休眠，流量增加后自动唤醒

1—压力传感器　　2—数字式PID调节器 3—变频器
4—工频泵控制器 5—电控柜　　　　6—水池
7—水位传感器　　8—液位自动控制阀 9—压力表

系统在水泵出水管处设置压力传感器，控制水泵按设计压力工作，其中一台水泵为变频泵，其余为工频泵，水泵可轮流变频工作。运行时变频泵首先工作，当变频泵不能满足用水要求时，自动启动工频泵；反之亦然

分析时，从后级的传感器开始，返回到调节器，再到水泵，再到水量输出

本方式适用于主泵功率较大的生活给水系统

小流量主泵休眠后，由加配的一台稳压小泵与气压罐配合供水，流量增大后稳压小泵与气压罐无法满足用水要求时，自动唤醒主泵。如水池水位过低，则发出指令停泵

看到代码，找代码含义说明，掌握设备名称

1—压力传感器　　2—数字式PID调节器 3—变频器
4—工频泵控制器 5—电控柜　　　　6—水池
7—水位传感器　　8—液位自动控制阀 9—压力开关
10—水泵控制器 11—小气压罐　　 12—流量传感器
13—压力表

图 6-8　变频调速供水装置原理图图解

6.3.11　热水工程原理图的识读

商业用热水炉带开式水箱供水原理图图解如图 6-9 所示。以水箱为中心，可以分为进水支路分析、出水支路分析、循环支路分析、其他支路分析。每支路分析时，就是找设备节点，以及设备节点间的连线（连管）。连线（连管）时，有直连、分支等情况。设备节点名称根据图例说明掌握其特点、功能。

进水支路分析一般以自来水进入点为开始节点，以水箱自来水进入点为末端节点进行"沿线"找设备节点与水流通分析。

循环支路分析一般需要找到循环开始节点与循环末端节点，然后进行"沿线"找设备节点与水流通分析。

出水支路分析一般以水箱出水点为开始节点，以用水设备进入点为末端节点进行"沿线"找设备节点与水流通分析。

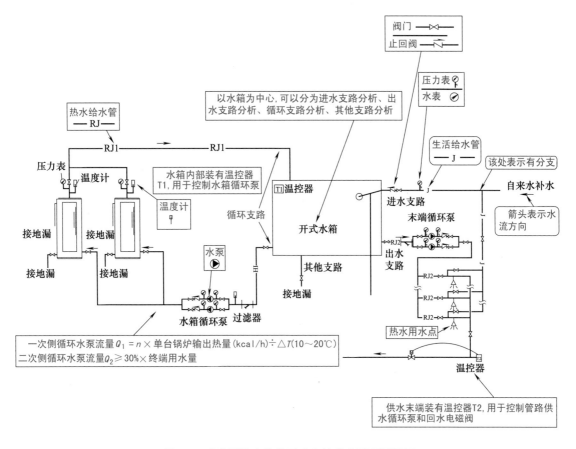

图 6-9　商业用热水炉带开式水箱供水原理图图解

高层建筑热水供应系统图图解如图 6-10 所示。识读高层建筑热水供应系统图的技巧，就是从热水进入节点到热水出口节点间的分析与热水流通确认。其间，还有一些设备节点、节点管路、管路分支等情况的确认与功能描述、特点分析、安装要求等信息掌握。

识读高层建筑热水供应系统图，还可以根据图中表示水流方向的箭头沿着流向进行分析。

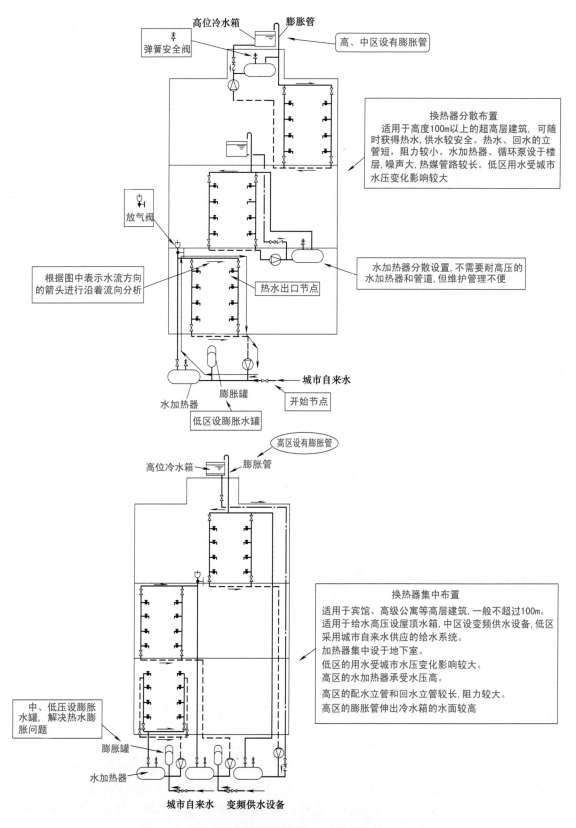

图 6-10　高层建筑热水供应系统图图解

第7章

建筑暖通空调施工图的识读

7.1 建筑暖通空调施工图常见图例

7.1.1 水、汽管道代号

水、汽管道代号见表 7-1。

表 7-1 水、汽管道代号

代号	管道名称	代号	管道名称	代号	管道名称
RG	采暖热水供水管	LM	冷媒管	YS	溢水（油）管
RH	采暖热水回水管	YG	乙二醇供水管	R_1G	一次热水供水管
LG	空调冷水供水管	YH	乙二醇回水管	R_1H	一次热水回水管
LH	空调冷水回水管	BG	冰水供水管	F	放空管
KRG	空调热水供水管	BH	冰水回水管	FAQ	安全阀放空管
KRH	空调热水回水管	ZG	过热蒸汽管	O1	柴油供油管
LRG	空调冷、热水供水管	SR	软化水管	O2	柴油回油管
LRH	空调冷、热水回水管	CY	除氧水管	OZ1	重油供油管
LQG	冷却水供水管	GG	锅炉进水管	OZ2	重油回油管
LQH	冷却水回水管	JY	加药管	OP	排油管
n	空调冷凝水管	YS	盐溶液管	ZB	饱和蒸汽管
PZ	膨胀水管	XI	连续排污管	Z2	二次蒸汽管
BS	补水管	XD	定期排污管	N	凝结水管
X	循环管	XS	泄水管	J	给水管

说明：水、汽管道可以用线型区分，也可以用代号来区分。有的图纸自定义水、汽管道代号，但是其代码不得与相关标准规定矛盾，并且往往附有相应图面说明。

7.1.2 水、汽管道阀门和附件的图例

水、汽管道阀门和附件的图例见表 7-2。

7.1.3 风道代号

风道代号见表 7-3。

表 7-2　水、汽管道阀门和附件的图例

名称	图例	名称	图例
截止阀		下出三通	
闸阀		变径管	
球阀		导向支架	
柱塞阀		活动支架	
快开阀		金属软管	
蝶阀		可屈挠橡胶软接头	
旋塞阀		Y 形过滤器	
止回阀		疏水器	
浮球阀		减压阀	
三通阀		直通型（或反冲型）除污器	
平衡阀		除垢仪	
定流量阀		补偿器	
定压差阀		矩形补偿器	
自动排气阀		套管补偿器	
集气罐、放气阀		波纹管补偿器	
节流阀		弧形补偿器	
膨胀阀		保护套管	
排入大气或室外		爆破膜	
安全阀		阻火器	
角阀		节流孔板、减压孔板	
底阀		快速接头	
漏斗		介质流向	→ 或 ⇒
地漏		坡度及坡向	$i=0.003$ — 或 — $i=0.003$
明沟排水		球形补偿器	
向上弯头		伴热管	
向下弯头		调节止回关断阀	
法兰封头或管封		固定支架	
上出三通		活接头或法兰连接	

表 7-3　风道代号

代号	管道名称	代号	管道名称	代号	管道名称
SF	送风管	XF	新风管	P（Y）	排风排烟兼用风管
HF	回风管	PY	消防排烟风管	XB	消防补风风管
PF	排风管	ZY	加压送风管	S（B）	送风兼消防补风风管

7.1.4 风道、阀门及附件图例

风道、阀门及附件图例见表 7-4。

表 7-4 风道、阀门及附件图例

名称	图例	名称	图例
矩形风管	*** × *** 宽×高(mm)	蝶阀	
圆形风管	φ*** φ 直径(mm)	插板阀	
风管向上		止回风阀	
风管向下		三通调节阀	
风管上升摇手弯		防烟、防火阀	×××表示防烟、 防火阀名称代号
风管下降摇手弯		方形风口	
方圆变径管		条缝形风口	
软风管		矩形风口	
余压阀	DPV　　DPV	气流方向	
圆弧形弯头		远程手控盒	B
带导流片的矩形弯头		防雨罩	
消声器		圆形风口	
消声弯头		侧面风口	
消声静压箱		防雨百叶	
风管软接头		检修门	J　　J
对开多叶调节风阀			

7.1.5 风口及附件代码

风口及附件代码见表 7-5。

表 7-5 风口及附件代码

代号	图例	代号	图例	代号	图例
AV	单层格栅风口，叶片垂直	DH	圆环形散流器	W	防雨百叶
AH	单层格栅风口，叶片水平	E*	条缝形风口，*为条缝数	B	带风口风箱
BV	双层格栅风口，前组叶片垂直	F*	细叶形斜出风散流器，*为出风面数量	D	带风阀
				F	带过滤网
BH	双层格栅风口，前组叶片水平	FH	门铰形细叶回风口	HH	门铰形百叶回风口
C*	矩形散流器，*为出风面数量	G	扁叶形直出风散流器	J	喷口
DF	圆形平面散流器	H	百叶回风口	SD	旋流风口
DS	圆形凸面散流器	CB	自垂百叶	K	蛋格形风口
DP	圆盘形散流器	N	防结露送风口	KH	门铰形蛋格式回风口
DX*	圆形斜片散流器，*为出风面数量	T	低温送风口	L	花板回风口

7.1.6 暖通空调设备图例

暖通空调设备图例见表 7-6。

表 7-6 暖通空调设备图例

名称	图例	名称	图例
散热器及手动放气阀	平面图 剖面图 系统图	手摇泵	
散热器及温控阀		变风量末端	
轴流风机		空调机组加热、冷却盘管	加热 冷却 双功能盘管
轴（混）流式管道风机		空气过滤器	粗效 中效 高效
离心式管道风机		挡水板	
卧式暗装风机盘管		加湿器	
窗式空调器		电加热器	
分体空调器	室内机 室外机	板式换热器	
射流诱导风机		立式明装风机盘管	
减振器	平面图 剖面图	立式暗装风机盘管	
吊顶式排气扇		卧式明装风机盘管	
水泵			

7.1.7　调控装置及仪表图例

调控装置及仪表图例见表 7-7。

表 7-7　调控装置及仪表图例

名称	图例	名称	图例
温度传感器	T	电动（调节）执行机构	○
湿度传感器	H	控制器	C
压力传感器	P	吸顶式温度感应器	T
压差传感器	ΔP	温度计	
流量传感器	F	压力表	
烟感器	S	流量计	F.M
流量开关	FS	能量计	E.M
气动执行机构		弹簧执行机构	
浮力执行机构		重力执行机构	
数字输入量	DI	记录仪	
数字输出量	DO	电磁（双位）执行机构	⊠
模拟输入量	AI	电动（双位）执行机构	□
模拟输出量	AO		

7.2　建筑暖通空调的特点与有关表示

7.2.1　建筑暖通空调的特点

建筑暖通空调的特点如下。

（1）建筑暖通空调专业图纸的编号一般是独立的。

（2）同一套建筑暖通空调工程图纸中，图样线宽组、图例、符号等往往是一致的。

（3）建筑暖通空调工程图纸，一般是图纸目录、选用图集（纸）目录、设计施工说明、图例、设备与主要材料表、总图、工艺图、系统图、平面图、剖面图、详图等依次表示、排列。

（4）建筑暖通空调工程图纸图样需用的文字说明，一般是以"注："""附注："或"说明："的形式在图纸右下方、标题栏的上方书写，并且往往采用"1、2、3……"进行编号。

（5）建筑暖通空调工程图纸一张图幅内绘制平面图、剖面图等多种图样时，一般是根据平面图、剖面图、安装详图，按从上到下、从左到右的顺序排列的。一张图幅绘有多层平面图时，一般是根据建筑层次由低到高，由下而上顺序排列的。具体看图时，需要根据具体图的排列找规律。

（6）建筑暖通空调工程图纸中的设备、部件不便用文字标注的情况，一般采用编号来表示。

（7）建筑暖通空调工程图纸图样中仅标注编号的情况，其名称往往以"注："""附注："或"说明："来表示。具体的型号、性能等内容，有的图纸用"明细表"来表示。

（8）建筑暖通空调工程施工图的设备表，往往至少包括序号或编号、设备名称、技术要求、数量、备注栏等项目。材料表至少包括序号或编号、材料名称、规格或物理性能、数量、单位、备注栏等项目。

7.2.2 管道、设备布置平面图、剖面图与详图

建筑暖通空调管道平面图、设备布置平面图、剖面图，一般是以直接正投影法绘制的。暖通空调系统的建筑平面图、剖面图、建筑轮廓线、暖通空调系统的门/梁/柱/窗/平台等建筑构配件，一般是用细实线绘制的，并且往往标明了定位轴线编号、房间名称、平面标高等信息。

建筑暖通空调管道、设备布置平面图，一般是根据假想除去上层板后按俯视规则绘制的，其相应的垂直剖面图一般在平面图中会标明剖切符号。

建筑暖通空调图纸中剖视的剖视符号，一般由剖切位置线、投射方向线、编号等组成。剖切位置线、投射方向线，一般是以粗实线绘制的。剖切位置线的长度，一般为 6 ～ 10mm。投射方向线长度，一般短于剖切位置线，为 4 ～ 6mm。剖切位置线、投射方向线，一般不与其他图线相接触。剖切编号一般使用阿拉伯数字，并且标在投射方向线的端部。转折的剖切位置线，一般是在转角的外顶角处加注编号表示。

建筑暖通空调断面的剖切符号，一般是用剖切位置线、编号来表示的。剖切位置线，一般为长度 6 ～ 10mm 的粗实线。编号一般用阿拉伯数字、罗马数字或小写拉丁字母，标在剖切位置线的一侧，同时有投射方向的表示信息。

建筑暖通空调平面图上，一般会标注设备、管道定位（中心、外轮廓）线与建筑定位线间的关系。

建筑暖通空调剖面图上，一般会标注设备、管道（中、底或顶）标高。有的图纸还会标注出距该层楼（地）板面的距离。

建筑暖通空调剖面图，一般是在平面图上选择反映系统全貌的部位垂直剖切后绘制的。剖切的投射方向一般是向下和向右，并且在不致引起误解的情况下，有的图会省略剖切方向线。

建筑平面图采用分区绘制的，则有的暖通空调专业平面图也采用分区绘制的，并且分区部位与建筑平面图是一致的，并且还往往会有分区组合示意图。

建筑暖通空调工程中除了方案设计、初步设计、精装修设计外，平面图、剖面图中的水、汽管道，有的图纸采用了单线绘制，但是风管一般不用单线绘制。

建筑暖通空调工程平面图、剖面图中的局部需另绘详图时，一般会在平面图、剖面图上标注索引符号。索引符号的画法如图 7-1 所示。表示局部位置的相互关系时，一般在平面图上标注内视符号，如图 7-2 所示。

图 7-1　索引符号的画法

图 7-2　内视符号

7.2.3　管道系统图与原理图概述

根据管道系统图，一般能够确认管径、标高、末端设备。采用轴测投影法绘制的管道系统图，一般采用与相应的平面图一致的比例。

在图纸不会引起误解的情况下，有的管道系统图可以不按轴测投影法绘制。

识读管道系统图时，往往需要与平面图、剖面图相对应识读，这样更能够把握施工要求与特点。

水管道、汽管道、通风管道、空调管道系统图，大部分图纸采用单线绘制。

系统图中的管线重叠、密集的地方，有的图纸采用了断开画法，并且断开的地方往往用相同的小写拉丁字母表示，或者用细虚线连接。

室外管网工程一般有管网总平面图、管网纵剖面图等类型。

有的管道原理图是不根据比例、投影规则绘制的。

7.2.4　建筑暖通空调系统编号

如果同时有供暖、通风、空调等两个及以上的不同系统时，则图纸往往会有系统编号。暖通空调往往有系统编号、入口编号，并且是由系统代号、顺序号等组成。

系统编号，一般标注在系统总管的位置。

系统代号，一般用大写拉丁字母表示，常见的系统代号见表 7-8。顺序号，一般是用阿拉伯数字表示的。系统编号、系统代号的表示如图 7-3 所示。

表 7-8　常见的系统代号

字母代号	系统名称	字母代号	系统名称	字母代号	系统名称
H	回风系统	RS	人防送风系统	K	空调系统
P	排风系统	RP	人防排风系统	J	净化系统
XP	新风换气系统	N	（室内）供暖系统	C	除尘系统
JY	加压送风系统			S	送风系统
PY	排烟系统	L	制冷系统	X	新风系统
P（PY）	排风兼排烟系统	R	热力系统		

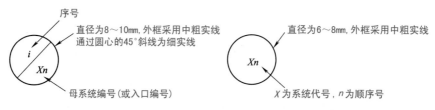

图 7-3　系统编号、系统代号的表示

竖向布置的垂直管道系统，一般会标注立管号。在不致引起误解的图纸，则可能只标注序号，并且与建筑轴线编号有明显区别。立管的表示如图 7-4 所示。

图 7-4　立管的表示

7.2.5　管道标高、管径（压力）、尺寸标注

无法标注垂直尺寸的图样，往往会标注标高，并且标高以 m 为单位，以及精确到 cm 或 mm。如果有注释与说明，则以签绘的相关图为准。

标准层较多时，有的图纸只标注与本层楼（地）板面的相对标高，图例如图 7-5 所示。

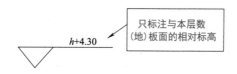

图 7-5　只标注与本层楼（地）板面的相对标高

如果水管道、汽管道所注标高没有给予说明时，则有的图纸往往表示为管中心标高。

水管道、汽管道标注管外底或顶标高时，有的图纸会在数字前加"底"或"顶"的字样。

矩形风管所注标高，有的图纸表示的是管底标高。圆形风管所注标高，有的图纸表示的是管中心标高。当不采用该方法标注时，图纸往往会有说明。

低压流体输送用焊接管道规格，有的图纸标注公称通径或压力。公称通径的标记，一般由字母 DN 后跟一个以毫米表示的数值组成。公称压力的代号，一般为 PN。

输送流体用无缝钢管、螺旋缝或直缝焊接钢管、铜管、不锈钢管注明外径、壁厚时，多数图纸采用"D（或 ϕ）外径 × 壁厚"来表示。在不致引起误解的情况下，有的图纸也有采用公称通径来表示。

塑料管外径，图纸常用"de"来表示。

圆形风管的截面定型尺寸，有的图纸往往用直径"ϕ"来表示，单位往往为 mm。

矩形风管（风道）的截面定型尺寸，图纸往往用"$A×B$"来表示。其中，A 为该视图投影面的边长尺寸，B 为另一边尺寸。A、B 单位均为 mm。

平面图中无坡度要求的管道标高，有的图纸标注在管道截面尺寸后的括号内，有的图纸在标高数字前加"底"或"顶"的字样。

水平管道的规格，往往标注在管道的上方。竖向管道的规格，往往标注在管道的左侧。双线表示的管道的规格，有的图纸标注在管道轮廓线内。

挂墙安装的散热器，往往标有说明安装的高度。

多条管线的规格标注方法与风口表示方法如图 7-6 所示。平面图、剖面图上的误差自由段表示方法如图 7-7 所示。标注图解如图 7-8 所示。

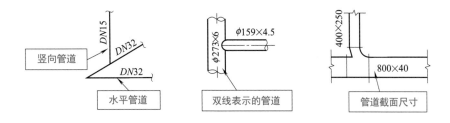

图 7-6　多条管线的规格标注方法与风口表示方法

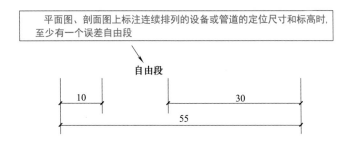

图 7-7　平面图、剖面图上的误差自由段表示方法

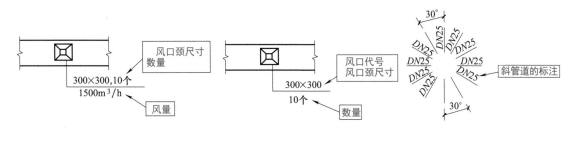

图 7-8　标注图解

7.2.6　管道转向、分支、重叠、密集处的识读

管道转向、分支、重叠、密集处的识读图解如图 7-9 所示。

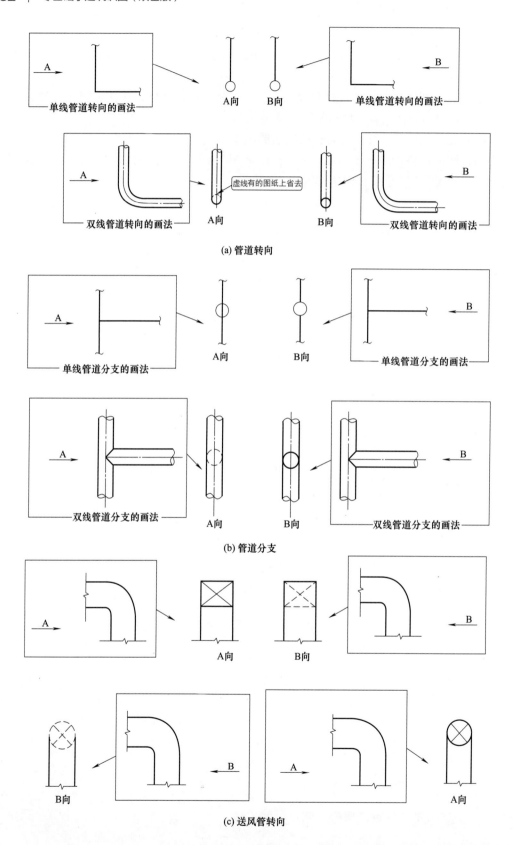

(a) 管道转向

(b) 管道分支

(c) 送风管转向

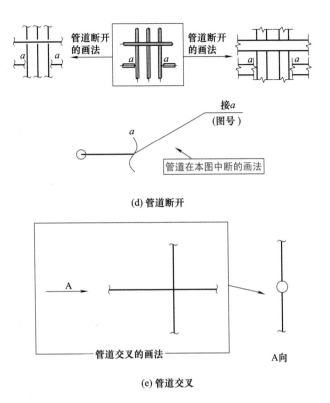

(d) 管道断开

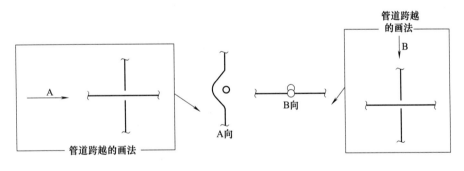

(e) 管道交叉

(f) 管道跨越

图 7-9 管道转向、分支、重叠、密集处的识读图解

第8章

建筑电气施工图的识读

8.1 建筑电气施工图的基础知识

8.1.1 常见的电气施工图的类型与特点

要做到会看电气图、看懂电气图，则首先需要掌握识读电气图的基本知识，了解电气施工图的种类、特点、图形符号、图形符号的意义等知识。其次，还得掌握识图的基本方法与步骤，实际电气设备的特点等相关知识。

简言之，要做到会看电气图、看懂电气图，不仅需要掌握电气图中有关信息知识，还得具有有关的识图支持知识。识图支持知识，图中往往不会明显给出信息。

电气施工图的类型也是识图的基本知识。常见电气施工图的类型如图 8-1 所示。

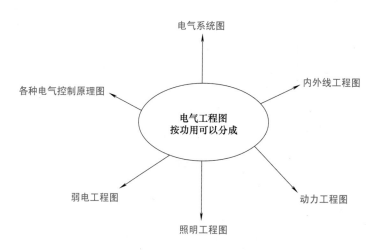

图 8-1　常见电气施工图的类型

建筑电气工程图多数是采用统一的图形符号加注文字符号，以及经过一定线路绘制而成。建筑电气线路一般必须构成闭合回路。电气施工图的特点如图 8-2 所示。

由于建筑电气工程图是为"建筑"服务的，因此，识读建筑电气工程图，往往需要阅读相应的土建工程图、其他安装工程图，掌握、读懂相互间的配合关系。建筑电气工程图往往不能完全反映出安装、维修、质量要求等全部信息，为此，识读建筑电气工程图，往往需要掌握有关现行规范、标准、图集等。

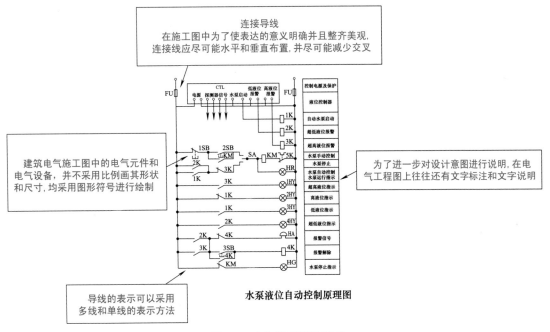

图 8-2　电气施工图的特点

8.1.2　建筑电气图的组成

建筑电气图的组成如图 8-3 所示。

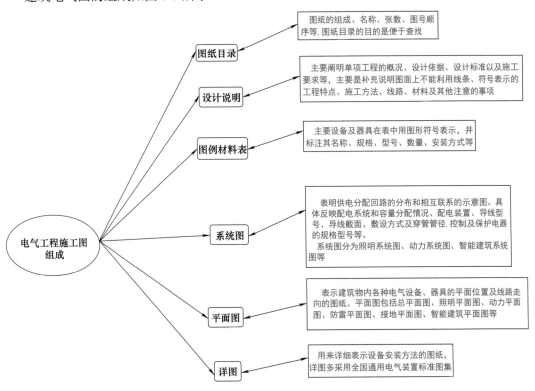

图 8-3　建筑电气图的组成

8.1.3 建筑电气图常用图形和文字符号

建筑电气图常用图形和文字符号见表 8-1。

表 8-1　建筑电气图常用图形和文字符号

符号	说明	符号	说明
══	直流	—(	阴接触件（连接器的）、插座
∼	交流	■—	阳接触件（连接器的）、插头
3/N ∼ 400/230V 50Hz	交流三相带中性线 400V（相线和中性线间的电压为 230V），50Hz	—(■—	插头和插座
3/N ∼ 50Hz/TN-S	交流三相 50Hz，具有一个直接接地点且中性线与保护导体全部分开的系统	—□—	接通的连接片
+	正极	—／○	断开的连接片
−	负极	□	电阻器，一般符号
N	中性（中性线）		压敏电阻器　变阻器
M	中间线		分路器 带分流和分压端子的电阻器
接地、地一般符号	接地、地一般符号	▭▭	电热元件
	连线、连接、连线组（导线、电缆、电线、传输通路）	┴	电容器，一般符号
——／／／——	三根导线		极性电容器，例如电解电容
	三根导线		整流器 / 逆变器
	柔性连接		原电池或蓄电池组
—○—	屏蔽导体	G	电能发生器一般符号 旋转的电能发生器用符号 3-042
	绞合导线　示出两根	G +	光电发生器
	电缆中的导线　示出三根		隔离开关
	示例： 五根导线，其中箭头所指的两根导线在同一根电缆内		具有中间断开位置的双向隔离开关
。	端子		负荷开关（负荷隔离开关）
▯▯▯▯▯	端子板		具有由内装的测量继电器或脱扣器触发的自动释放功能的负荷开关
形式1 形式2	导线的双重连接 若设计认为需要可用形式 2		断路器
L1 L3	相序变更	形式1 形式2	可调压的单相自耦变压器

续表

符号	说明	符号	说明
	三相感应调压器		熔断器一般符号
	扼流圈 电抗器		位置开关，动合触点
形式1 形式2	电压互感器		位置开关，动断触点
			热敏自动开关，动断触点
	三绕组电压互感器		热继电器，动断触点
	手动操作开关一般符号		热继电器的驱动器件
形式1 形式2 L1 L2 L3	一个手动三极开关	V	电压表
		A	电流表
		形式1 形式2	电流互感器 脉冲变压器
形式1 形式2 L1 L2 L3	三个手动单极开关		具有两个铁心，每个铁心有一个次级绕组的电流互感器
			一个铁心具有两个次级绕组的电流互感器
		形式1 形式2	具有三条穿线一次导体的脉冲变压器或电流互感器
	具有动合触点且自动复位的按钮开关	形式1 形式2 L1 L2 L3	三个电流互感器（4根次级引线）
	具有动合触点但无自动复位的旋转开关		
	接触器 接触器的主动合触点	形式1 形式2 L1 L2 L3	具有两个铁心，每个铁心有一个次级绕组的三个电流互感器
	接触器 接触器的主动断触点		
	静态开关一般符号		

符号	说明	符号	说明
形式1 L1、L3 形式2 L1 L2 L3	两个电流互感器（第1、3相各有一个，3根次级引线）	⊗	闪光型信号灯
		～	水下（海底）线路
		─○─	架空线路
Wh	电度表（瓦时计）	○ ○6	管道线路 附加信息可标注在管道线路的上方，如管孔的数量 示例：6孔管道的线路
Wh	复费率电度表，示出二费率		
Wh P>	超量电度表		电缆桥架线路 注：本符号用电缆桥架轮廓和连线组组合而成
Wh →	带发送器电度表		电缆沟线路 注：本符号用电缆沟轮廓和连线组组合而成
varh	无功电度表	─∕─	中性线
	电喇叭	─╤─	保护线
	电铃	─PE─	保护接地线
	报警器	─∤∕─	保护线和中性线共用线
	蜂鸣器	─∦∕∤─	示例：具有中性线和保护线的三相配线
	电动气笛	─∕	向上配线
		─∕	向下配线
⊗	灯，一般符号 信号灯，一般符号 如果要求指示颜色，则在靠近符号处标出下列代码： RD—红 YE—黄 GN—绿 BU—蓝 WH—白 如果要求指示灯类型，则在靠近符号处标出下列代码： Ne—氖 Xe—氙 Na—钠气 Hg—汞 I—碘 IN—白炽 EL—电发光 ARC—弧光 FL—荧光 IR—红外线 UV—紫外线 LED—发光二极管	□	物体，例如： • 设备 • 器件 • 功能单元 • 元件 • 功能元件 符号轮廓内填入或加上适当的代号或代号以表示物件的类别
		▭	
		▭ ☆	轮廓外就近标注种类代号"☆"，表示电气箱（柜） 种类代码 AC，表示为控制箱 种类代码 AFC，表示为火灾报警控制器 种类代码 ABC，表示为建筑自动化控制器 种类代码 ACP，表示为并联电容器箱 种类代码 AD，表示为直流电源箱 种类代码 AE，表示为励磁柜 种类代码 AF，表示为熔断器式开关、开关熔断器组 种类代码 AS，表示为信号箱 种类代码 AT，表示为电源自动切换箱 种类代码 AW，表示为电度表箱 种类代码 AX，表示为插座箱
		☆	轮廓内用位置代号"★"，表示电气柜（屏）、箱、台

符号	说明	符号	说明
方法a A B C D E —— C D E A B **方法b** A B C D E —— C D E A B	用单根连接表示线组线（线束）	⊤⊤⊤⊤⊤ ⊤⊤⊤⊤⊤ ☆	配电中心 示出五路馈线
			符号就近标注种类代号"☆"，表示的配电柜（屏）、箱、台： 种类代码 AP，表示为动力配电箱 种类代码 APE，表示为应急电力配电箱 种类代码 AL，表示为照明配电箱 种类代码 ALE，表示为应急照明配电箱
A B C D E	单根连接线汇入线束示例	○	盒（箱）一般符号
单线表示 5 —— 4 3 **多线表示**	连线示例	⊙	连接盒 接线盒
		⊡	用户端 供电输入设备 示出带配线
		▱	电动机起动器一般符号
LP	避雷线 避雷带 避雷网	◺	调节 - 起动器
•	避雷针	⊠	可逆式电动机直接在线接触器式起动器
⊗	投光灯，一般符号	⅄	多拉单极开关（如用于不同照度）
⊗⇒	聚光灯	⌐	两控单极开关
⊗↗	泛光灯	⅄	中间开关
▬	气体放电灯的辅助设备 注：仅用于辅助设备与光源不在一起时	⌐	调光器
		⌐	单极拉线开关
×	在专用电路上的事故照明灯		按钮
⊠	自带电源的事故照明灯	◎ ◎★	根据需要"★"用下述文字标注在图形符号旁边区别不同类型开关 2—两个按钮单元组成的按钮盒 3—三个按钮单元组成的按钮盒 EX—防爆型按钮 EN—密闭型按钮
■ ⌐	障碍灯、危险灯、红色闪烁、全向光束		
├──┤ ├──┤ 5	荧光灯，一般符号 发光体，一般符号 示例：三管荧光灯 五管荧光灯	◎	带有指示灯的按钮
		⊗	带指示灯的开关
├─┤	二管荧光灯	⌐t	单极限时开关
├─★┤ ├─★┤	如需要指出灯具种类， 则在"★"位置标出下列字母： EN—密闭灯 EX—防爆灯	⌐★	根据需要"★"用下述文字标注在图形符号旁边区别不同类型开关 C—暗装开关 EX—防爆开关 EN—密闭开关

符号	说明	符号	说明
Y	（电源）插座，一般符号	Y	带护板的（电源）插座
Y3	（电源）多个插座示出三个		
Y	带保护接点（电源）插座	Y	带单极开关的（电源）插座
Y★ Y★	根据需要可在"★"处用下述文字区别不同插座： 1P—单相（电源）插座 3P—三相（电源）插座 1C—单相暗敷（电源）插座 3C—三相暗敷（电源）插座 1EX—单相防爆（电源）插座 3EX—三相防爆（电源）插座 1EN—单相密闭（电源）插座 3EN—三相密闭（电源）插座	Y	带联锁开关的（电源）插座
		Y	具有隔离变压器的插座 示例：电动剃刀用插座
		✓	开关一般符号

8.1.4 电气施工图的一些标注方式

电气施工图的标注方式如图 8-4 所示。

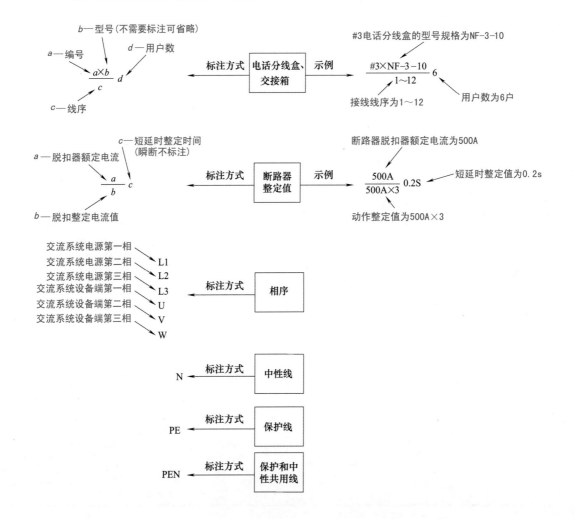

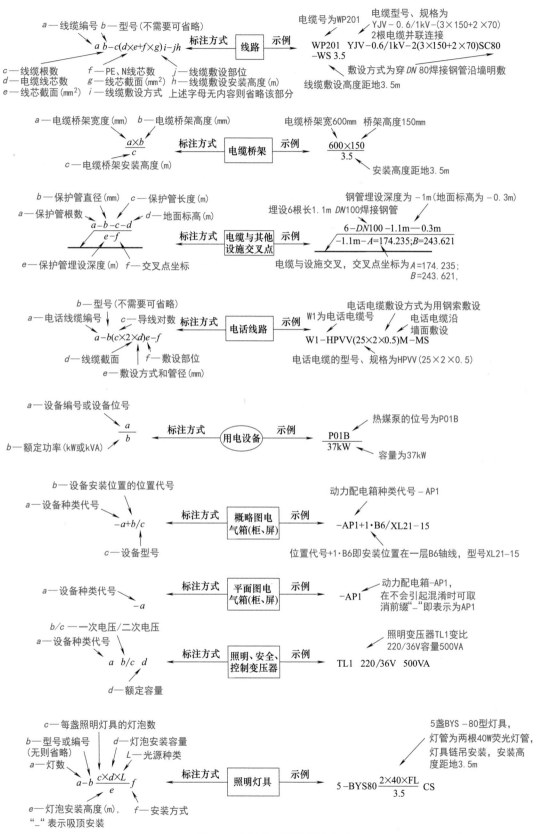

图 8-4 电气施工图的标注方式

8.1.5　线路敷设方式的标注

线路敷设方式的标注见表 8-2。

表 8-2　线路敷设方式的标注

标注文字符号	线路敷设方式	标注文字符号	线路敷设方式
SC	穿焊接钢管敷设	M	用钢索敷设
MT	穿电线管敷设	KPC	穿聚氯乙烯塑料波纹电线管敷设
PC	穿硬塑料管敷设	CP	穿金属软管敷设
FPC	穿阻燃半硬聚氯乙烯管敷设	DB	直接埋设
CT	电缆桥架敷设	TC	电缆沟敷设
MR	金属线槽敷设	CE	混凝土排管敷设
PR	塑料线槽敷设		

8.1.6　导线敷设部位的标注

导线敷设部位的标注见表 8-3。

表 8-3　导线敷设部位的标注

标注文字符号	名称	标注文字符号	名称
WS	沿墙面敷设	F	地板或地面下敷设
WC	暗敷设在墙内	AB	沿或跨梁（屋架）敷设
CE	沿天棚或顶板面敷设	BC	暗敷在梁内
CC	暗敷设在屋面或顶板内	AC	沿或跨柱敷设
SCE	吊顶内敷设	CLC	暗敷设在柱内

8.1.7　灯具安装方式的标注

灯具安装方式的标注见表 8-4。

表 8-4　灯具安装方式的标注

标注文字符号	名称	标注文字符号	名称
SW	线吊式、自在器线吊式	CR	顶棚内安装
CS	链吊式	WR	墙壁内安装
DS	管吊式	S	支架上安装
W	壁装式	CL	柱上安装
C	吸顶式	HM	座装
R	嵌入式		

8.1.8　常见文字符号标注

常见文字符号标注见表 8-5 ～表 8-7。

表 8-5　常见文字符号标注（一）

标注文字符号	名称	单位	标注文字符号	名称	单位
U_n	系统标称电压	V	I_c	计算电流	A
U_r	设备的额定电压	V	I_{st}	起动电流	A
I_r	额定电流	A	I_p	尖峰电流	A
f	频率	Hz	I_s	整定电流	A
P_N	设备安装功率	kW	I_k	稳态短路电流	kA
P	计算有功功率	kW	$\cos\varphi$	功率因数	
Q	计算无功功率	kvar	U_{kr}	阻抗电压	%
S	计算视在功率	kVA	i_p	短路电流峰值	kA
S_r	额定视在功率	kVA	S_{kQ}^n	短路容量	MVA

表 8-6　常见文字符号标注（二）

文字符号	名称	文字符号	名称
A	电流	DCD	解调
A	模拟	DEC	减
AC	交流	DP	调度
A AUT	自动	DR	方向
ACC	加速	DS	失步
ADD	附加	E	接地
ADJ	可调	EC	编码
AUX	辅助	EM	紧急
ASY	异步	EMS	发射
B、BRK	制动	EX	防爆
BC	广播	F	快速
BK	黑	FA	事故
BL	蓝	FB	反馈
BW	向后	FM	调频
C	控制	FW	正，向前
CCW	逆时针	FX	固定
CD	操作台（独立）	G	气体
CO	切换	GN	绿
CW	顺时针	H	高
D	延时、延迟	HH	最高（较高）
D	差动	HH	手孔
D	数字	HV	高压
D	降	IB	仪表箱
DC	直流	IN	输入

续表

文字符号	名称	文字符号	名称
INC	增	PO	并机
IND	感应	PR	参量
L	左	R	记录
L	限制	R	右
L	低	R	反
LL	最低（较低）	RD	红
LA	闭锁	RES	备用
M	主	R、RST	复位
M	中	RTD	热电阻
M	中间线	RUN	运转
M、MAN	手动	S	信号
MAX	最大	ST	起动
MIN	最小	S、SET	置位、定位
MC	微波	SAT	饱和
MD	调制	SB	供电箱
MH	人孔（人井）	STE	步进
MN	监听	STP	停止
MO	瞬间（时）	SYN	同步
MUX	多路复用的限定符号	SY	整步
N	中性线	S·P	设定点
NR	正常	T	温度
OFF	断开	T	时间
ON	闭合	T	力矩
OUT	输出	TE	无噪声（防干扰）接地
O/E	光电转换器	TM	发送
P	压力	U	升
P	保护	UPS	不间断电源
PB	保护箱	V	真空
PE	保护接地	V	速度
PEN	保护接地与中性线共用	Y	电压
PU	不接地保护	VR	可变
PL	脉冲	WH	白
PM	调相	YE	黄

表 8-7　常见文字符号标注（三）

种类	名称	基本文字符号	
		单字母	多字母
组件及部件	调节器	A	AM
	放大器		
	电能计量柜		
	高压开关柜		AH
	交流配电屏（柜）		AA
	直流配电屏　直流电源柜		AD
	电力配电箱		AP
	应急电力配电箱		APE
	照明配电箱		AL
	应急照明配电箱		ALE
	电源自动切换箱（柜）		AT
	并联电容器屏（柜、箱）		ACC
	控制箱（屏、柜、台、柱、站）		AC
	信号箱（屏）		AS
	接线端子箱		AXT
	保护屏		AR
	励磁屏（柜）		AE
	电度表箱		AW
	插座箱		AX
	操作箱		
	插接箱（母线槽系统）		ACB
	火灾报警控制器		AFC
	数字式保护装置		ADP
	建筑自动化控制器		ABC
非电量到电量变换器或电量到非电量变换器	光电池、扬声器、送话器	B	BP
	热电传感器		
	模拟和多级数字		
	压力变换器		
	温度变换器		BT
	速度变换器		BV
	旋转变换器（测速发电机）		BR
	流量测量传感器		BF
	时间测量传感器		BTI
	位置测量传感器		BQ
	湿度测量传感器		BH
	液位测量传感器		BL

续表

种类	名称	基本文字符号	
		单字母	多字母
电容器	电容器	C	
存储器件	磁带记录机	D	
	盘式记录机		
其他元器件	发热器件	E	EH
	照明灯		EL
	空气调节器		EV
	电加热器		EE
保护器件	过电压放电器件	F	FV
	避雷器		
	限压保护器件		
	熔断器		FU
	跌开式熔断器		FU
	半导体器件保护用熔断器		FF
发电机、电源	同步发电机	G	GS
	异步发电机		GA
	蓄电池		GB
	柴油发电机		GD
	不间断电源		GU
信号器件	声响指示器	H	HA
	光指示器		HL
	指示灯		HL
	电铃		HA
	蜂鸣器		HA
	红色指示灯		HR
	绿色指示灯		HG
	黄色指示灯		HY
	蓝色指示灯		HB
	白色指示灯		HW
测量设备 试验设备	指示器件	P	PA
	记录器件		
	积算测量器件		
	信号发生器		
	电流表		
	电压表		PV
	（脉冲）计数器		PC
	电度表		PJ
	记录仪器		PS

续表

种类	名称	基本文字符号	
		单字母	多字母
测量设备 试验设备	时钟、操作时间表	P	PT
	无功电度表		PJR
	最大需用量表		PM
	有功功率表		PW
	功率因数表		PPF
	无功电流表		PAR
	频率表		PF
	相位表		PPA
	转速表		PT
	同步指示器		PS
电力电路的 开关器件	断路器	Q	QF
	电动机保护开关		QM
	隔离开关		QS
	真空断路器		QV
	漏电保护断路器		QR
	负荷开关		QL
	接地开关		QE
	开关熔断器组（同义词：负荷开关）		QFS
	熔断器式开关		QFS
	隔离开关		QS
	有载分接开关		QOT
	转换开关		QCS
	倒顺开关（同义词：双向开关）		QTS
	接触器		QC
	起动器		QST
	综合起动器		QCS
	星 - 三角起动器		QSD
	自耦减压起动器		QTS
	转子变阻式起动器		QR
	鼓形控制器		QD
变压器	电流互感器	T	TA
	控制电路电源用变压器		TC
	电力变压器		TM
	磁稳压器		TS
	电压互感器		TV
	整流变压器		TR
	隔离变压器		TI

种类	名称	基本文字符号	
		单字母	多字母
变压器	照明变压器	T	TL
	有载调压变压器		TLC
	配电变压器		TD
	试验变压器		TT
调制器 变换器	鉴频器	U	
	解调器		
	变频器		
	编码器		
	变流器		
	逆变器		
	整流器		
传输通道波导天线	导线	W	
	电缆		WB
	母线		
	抛物线天线		
	电力线路		WP
	照明线路		WL
	应急电力线路		WPE
	应急照明线路		WLE
	控制线路		WC
	信号线路		WS
	封闭母线槽		WB
	滑触线		WT
端子插头插座	连接插头和插座	X	XB
	接线柱		
	电缆封端和接头		
	连接片		
	插头		XP
	插座		XS
	端子板		XT
	信息插座		XTO

8.1.9　无接线端子代码的接触器、继电器端子代码的识读

无接线端子代码的接触器、继电器端子代码的识读如图 8-5 所示。

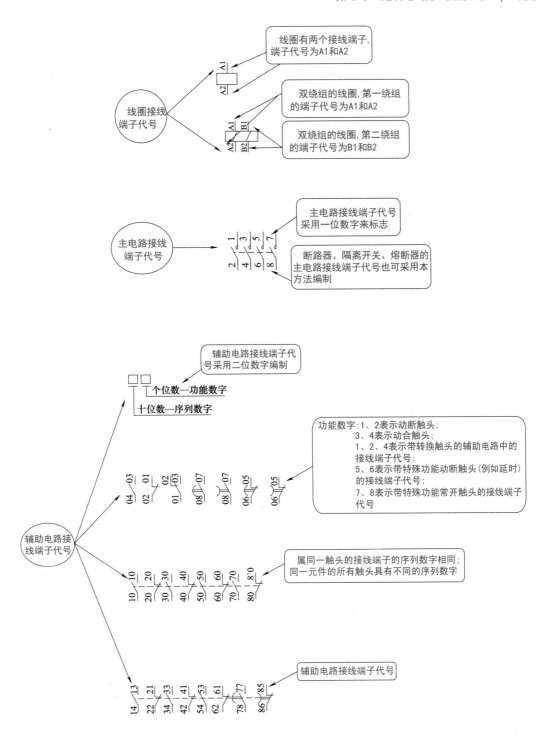

图 8-5　无接线端子代码的接触器、继电器端子代码的识读

8.1.10　无接线端子代码的热继电器端子代码的识读

无接线端子代码的热继电器端子代码的识读如图 8-6 所示。

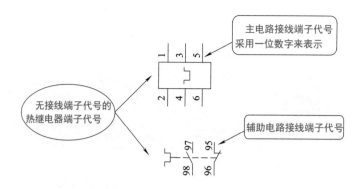

图 8-6　无接线端子代码的热继电器端子代码的识读

8.1.11　常见的颜色标志

常见的颜色标志如图 8-7 所示。

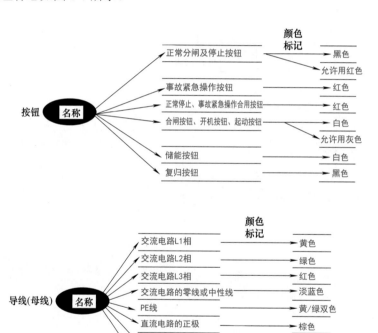

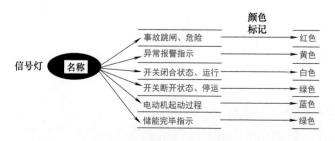

图 8-7　常见的颜色标志

8.2　建筑弱电施工图的识读

8.2.1　通信系统与综合布线系统符号

通信系统与综合布线系统符号图例如图 8-8 所示。

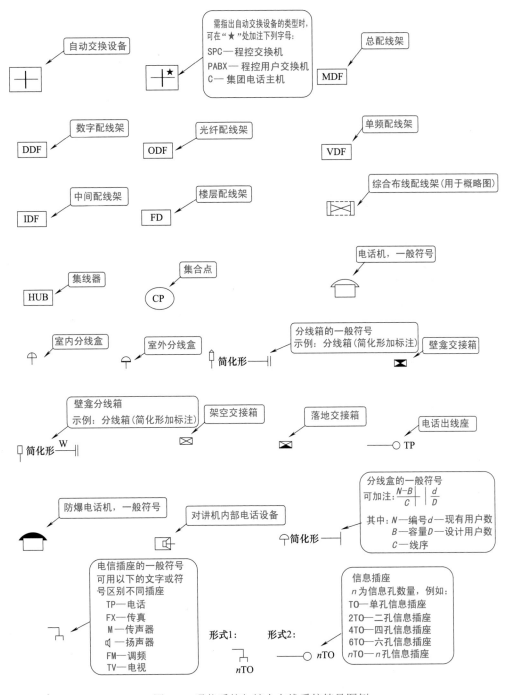

图 8-8　通信系统与综合布线系统符号图例

8.2.2 火灾报警系统与消防控制系统符号

火灾报警系统与消防控制系统符号如图 8-9 所示。

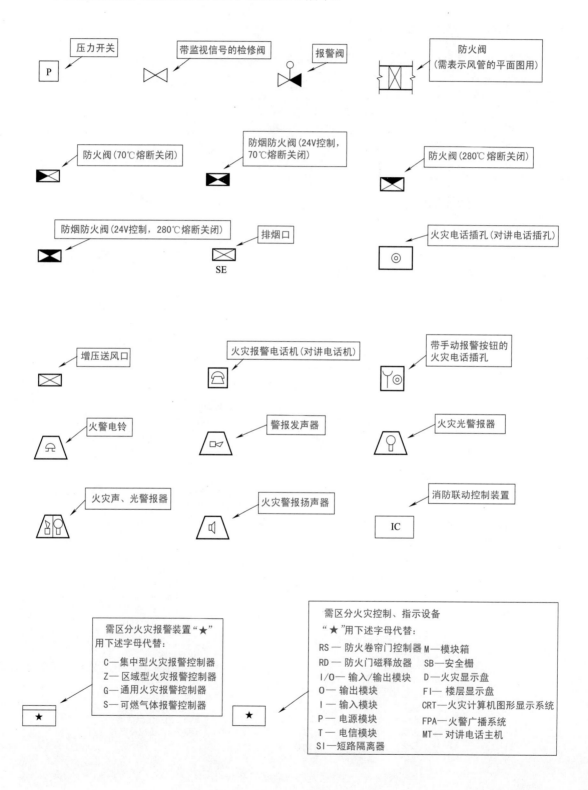

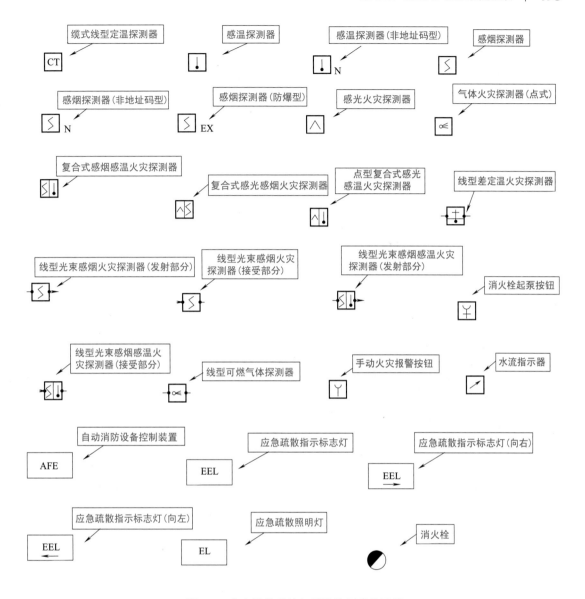

图 8-9　火灾报警系统与消防控制系统符号

8.2.3　安全防范系统符号

安全防范系统符号图解如图 8-10 所示。

8.2.4　有线电视系统符号

有线电视系统符号图解如图 8-11 所示。

8.2.5　线路符号

线路符号图解如图 8-12 所示。

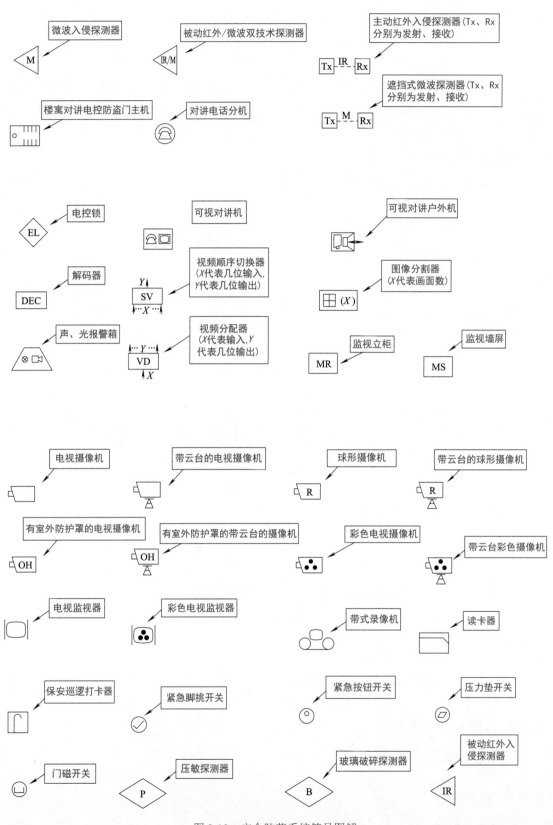

图 8-10 安全防范系统符号图解

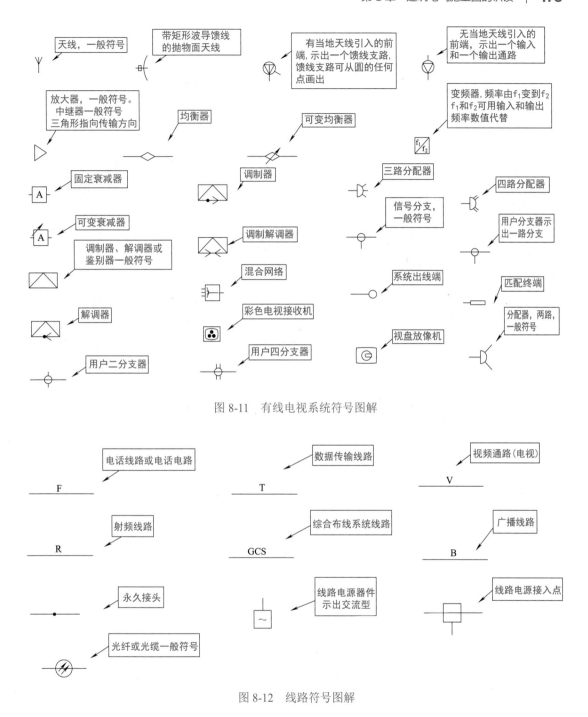

图 8-11　有线电视系统符号图解

图 8-12　线路符号图解

8.3　建筑电气系统的种类

8.3.1　建筑供配电系统

电力系统由发电、输电、变电、配电、用电等环节组成的电能生产与消费系统。电力系统的功能是将自然界的一次能源通过发电动力装置转化成电能，再经过输电、变电、配电将电能供应到各用户，如图 8-13 所示。其中，各用户包括居民家庭用电、商店用电、工厂用电、电梯等设施用电等。

建筑供配电系统的特点如图 8-14 所示。电力网与电力系统、动力系统的关系如图 8-15 所示。

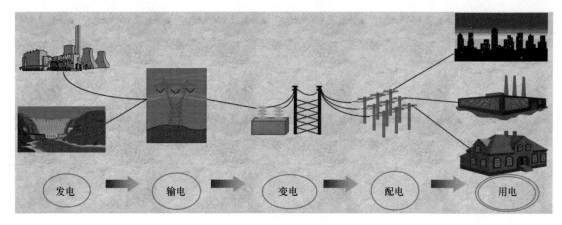

图 8-13　电力系统

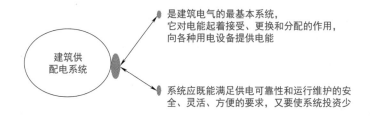

图 8-14　建筑供配电系统的特点

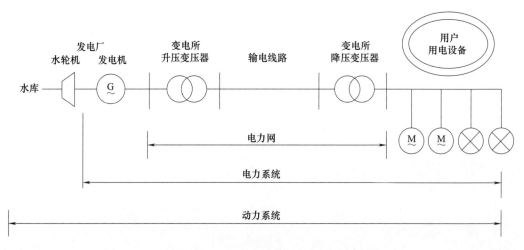

图 8-15　电力网与电力系统、动力系统的关系

电力网就是由变压器、电力线路等变换、输送、分配电能设备所组成电力系统的一部分。

电力系统就是由发电厂中的电气部分、各类变电所、输电 / 配电线路、各种类型的用电设备组成的统一体。电力系统一些具体组成部分的作用如图 8-16 所示。电力网根据电压等级的分类如图 8-17 所示。建筑电气系统的分类如图 8-18 所示。建筑供配电系统原理如图 8-19 所示。

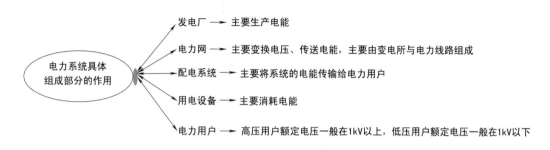

图 8-16　电力系统具体组成部分的作用

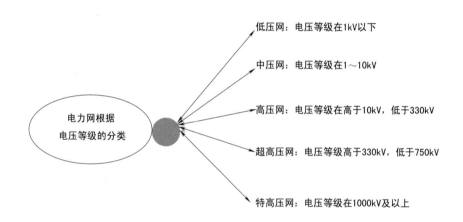

图 8-17　电力网根据电压等级的分类

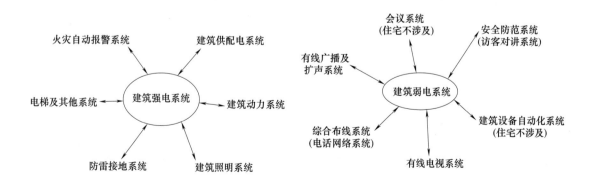

图 8-18　建筑电气系统的分类

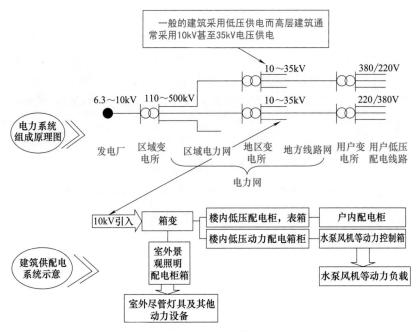

图 8-19　建筑供配电系统原理图示

8.3.2　配电箱系统图

　　配电箱包括总配电箱、照明配电箱、电表箱、户内强配电箱等种类。配电箱系统图识图图解如图 8-20 所示。配电箱系统图涉及的设备实物图例如图 8-21 所示。

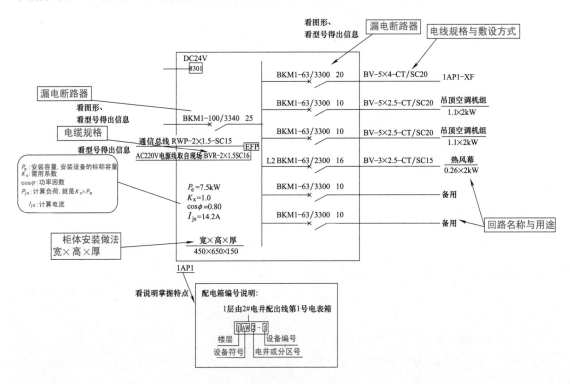

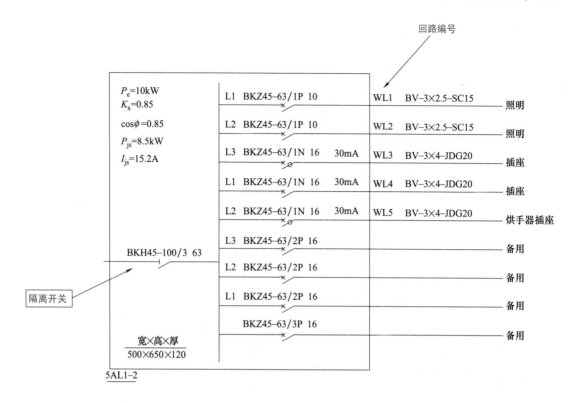

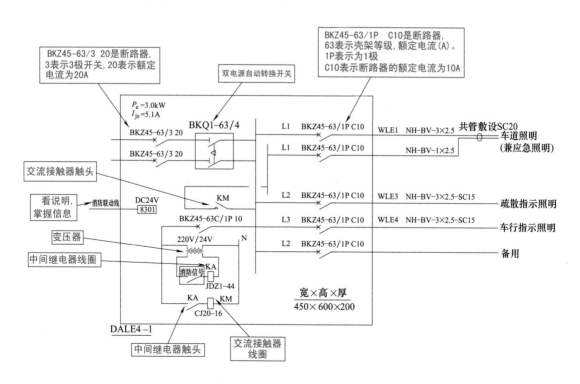

图 8-20　配电箱系统图识图图解

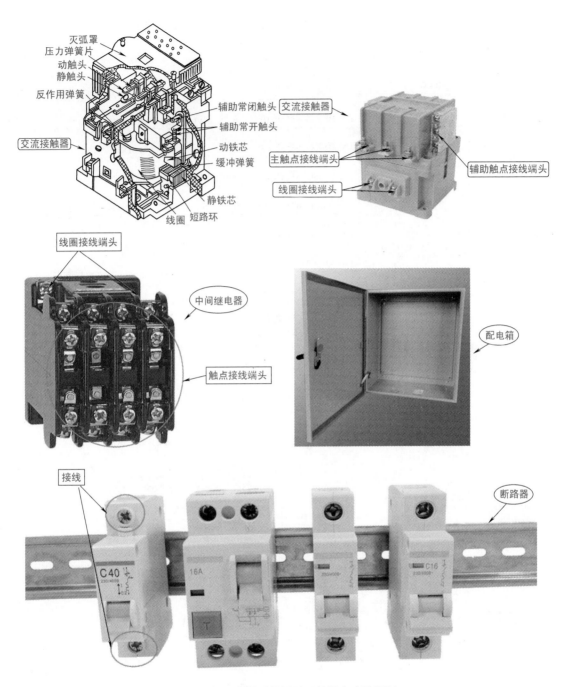

图 8-21　配电箱系统图涉及的设备实物图例

8.4　建筑弱电系统

8.4.1　建筑监控系统图

　　建筑监控系统图图例图解如图 8-22 所示。另外一些建筑监控系统图识读图解如图 8-23

所示。一些建筑监控系统图实物图例如图 8-24 所示。

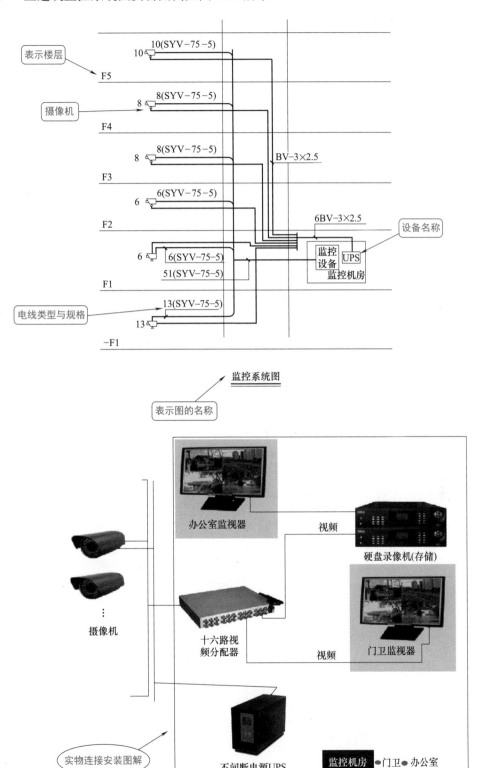

图 8-22　建筑监控系统图图例图解

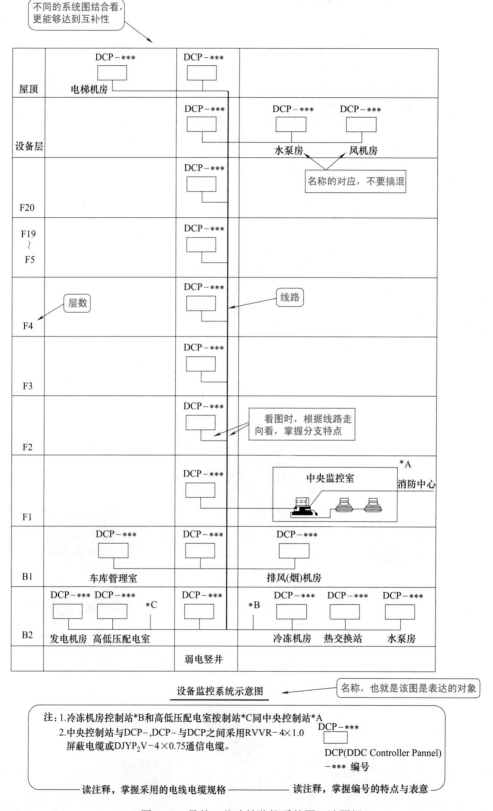

图 8-23　另外一些建筑监控系统图识读图解

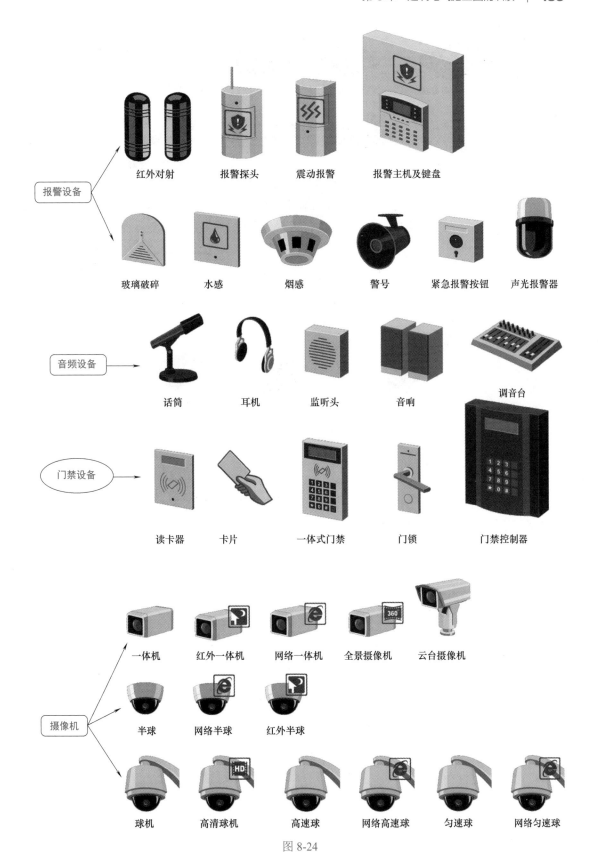

图 8-24

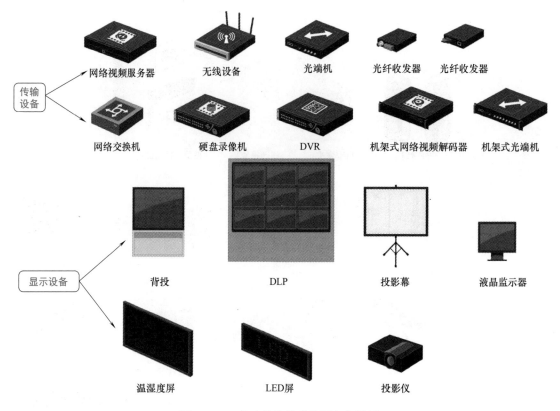

图 8-24　一些建筑监控系统图实物图例

8.4.2　电话系统图原图

电话系统图原图如图 8-25 所示，电话系统图图例图解如图 8-26 所示。电话系统图常见的设备、线路如图 8-27 所示。

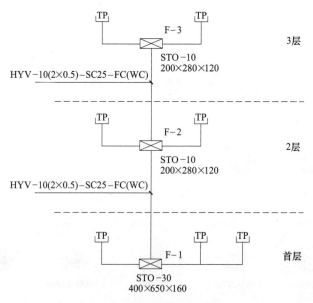

图 8-25　电话系统图原图

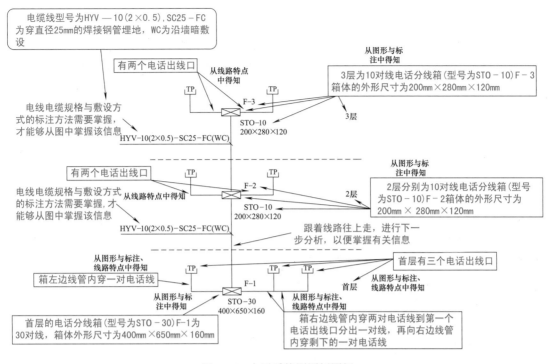

电缆线型号为HYV——10(2×0.5),SC25-FC为穿直径25mm的焊接钢管理地,WC为沿墙暗敷设

有两个电话出线口

从线路特点中得知

从图形与标注中得知

3层为10对线电话分线箱(型号为STO-10)F-3箱体的外形尺寸为200mm×280mm×120mm

3层

电线电缆规格与敷设方式的标注方法需要掌握,才能够从图中掌握该信息

STO-10
200×280×120

HYV-10(2×0.5)-SC25-FC(WC)

有两个电话出线口

从图形与标注中得知

电线电缆规格与敷设方式的标注方法需要掌握,才能够从图中掌握该信息

从线路特点中得知

2层分别为10对线电话分线箱(型号为STO-10)F-2箱体的外形尺寸为200mm×280mm×120mm

2层

STO-10
200×280×120

HYV-10(2×0.5)-SC25-FC(WC)

跟着线路往上走,进行下一步分析,以便掌握有关信息

从图形与标注、线路特点中得知

箱左边线管内穿一对电话线

首层有三个电话出线口

从图形与标注、线路特点中得知

首层

从图形与标注中得知

STO-30
400×650×160

从图形与标注、线路特点中得知

首层的电话分线箱(型号为STO-30)F-1为30对线,箱体外形尺寸为400mm×650mm×160mm

箱右边线管内穿两对电话线到第一个电话出线口分出一对线,再向右边线管内穿剩下的一对电话线

图 8-26 电话系统图图例图解

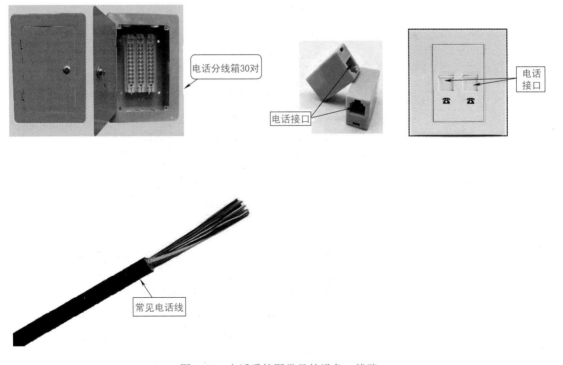

电话分线箱30对

电话接口

电话接口

电话接口

常见电话线

图 8-27 电话系统图常见的设备、线路

8.4.3 建筑有线电视系统图

看建筑有线电视系统图，首先掌握建筑有线电视系统布置图与建筑有线电视系统示意图（如图 8-28 所示）。这样，在看一些有线电视系统图就容易一些了。有线电视系统图原图如图 8-29 所示，有线电视系统图图例图解如图 8-30 所示。

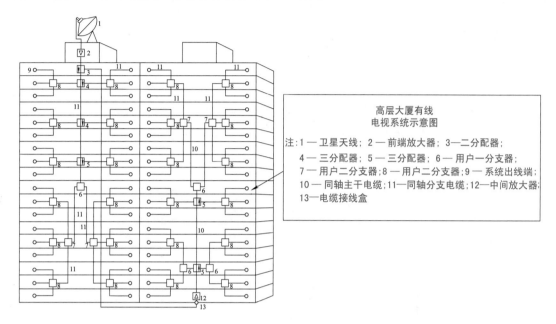

高层大厦有线
电视系统示意图

注：1 — 卫星天线；2 — 前端放大器；3—二分配器；
4 — 三分配器；5 — 三分配器；6 — 用户一分支器；
7 — 用户二分支器；8 — 用户二分支器；9 — 系统出线端；
10 — 同轴主干电缆；11—同轴分支电缆；12—中间放大器；
13—电缆接线盒

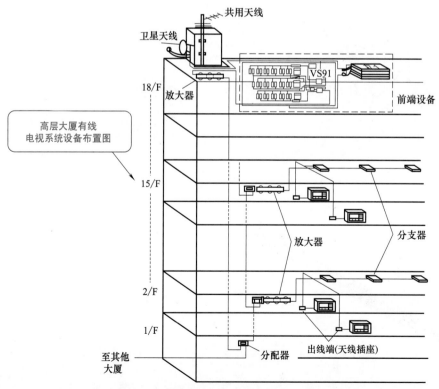

图 8-28　建筑有线电视系统布置图与建筑有线电视系统示意图

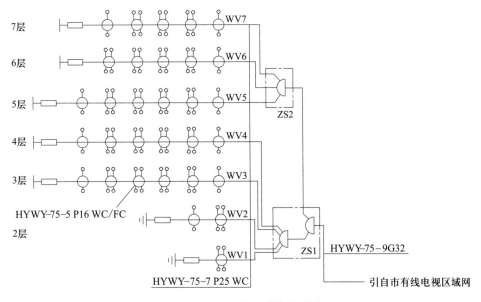

图 8-29　有线电视系统图原图

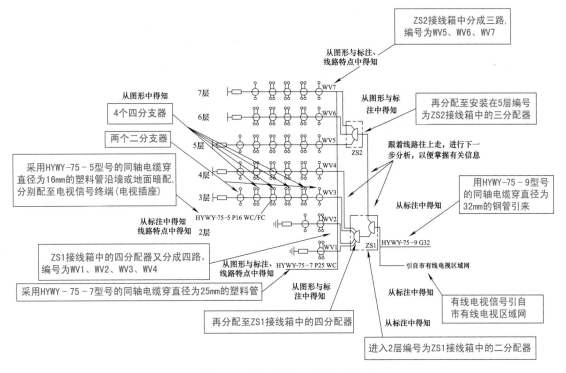

图 8-30　有线电视系统图图例图解

有线电视图常见的设备、线路如图 8-31 所示。

8.4.4　温度传感器的安装图

温度传感器的安装图的识读方法如图 8-32 所示。

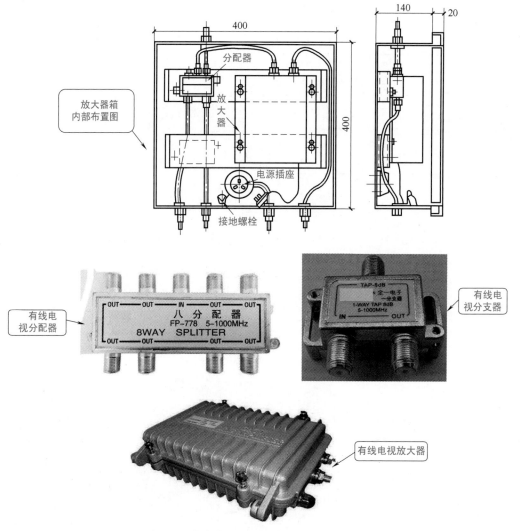

图 8-31　有线电视图一些常见的设备、线路

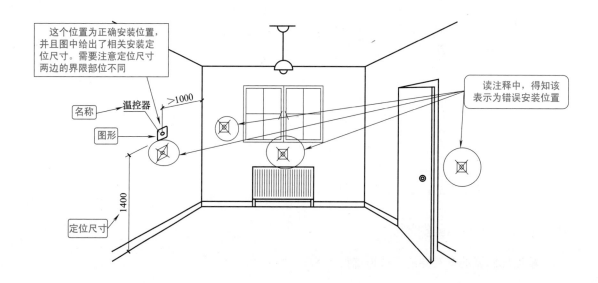

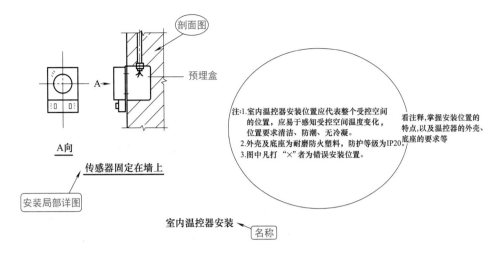

图 8-32　温度传感器的安装图的识读方法

8.5　建筑电气系统图的识读

8.5.1　建筑电气照明图的识读

建筑电气照明图的识读如图 8-33 所示。

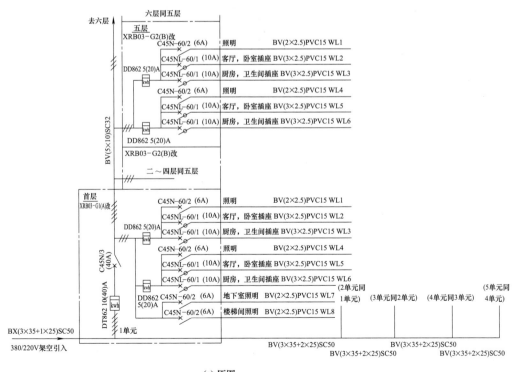

(a) 原图

图 8-33

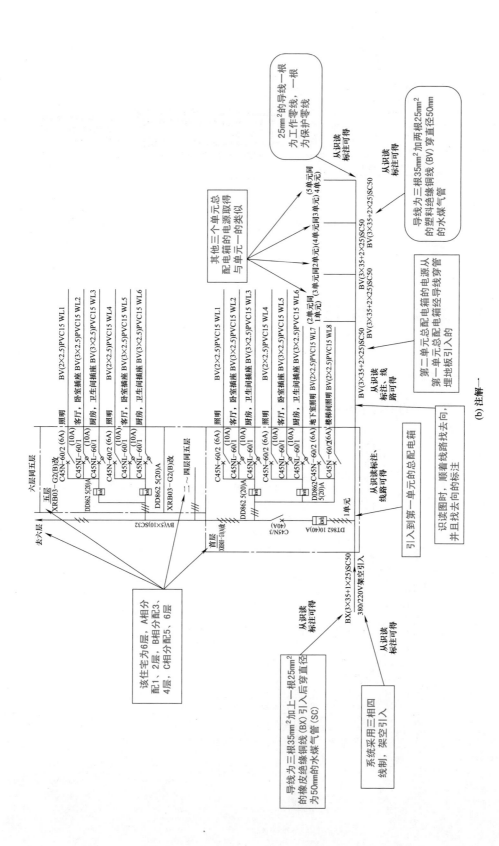

(b) 注解一

25mm²的导线一根为工作零线，一根为保护零线

从识读标注可得

导线为三根35mm²加两根25mm²的塑料绝缘铜线 (BV) 穿直径50mm的水煤气管

从识读标注可得

其他三个单元总配电箱的电源取与单元一的类似

BV(3×35+2×25)SC50 (5单元同4单元)

BV(3×35+2×25)SC50 (4单元同3单元)
BV(3×35+2×25)SC50

BV(3×35+2×25)SC50 (3单元同2单元)
BV(3×35+2×25)SC50 (2单元同1单元)

BV(3×35+1×25)SC50

从识读标注、线路可得

第二单元总配电箱的电源从第一单元总配电箱经导线穿管埋地板引入的

从识读标注、线路可得

引入到第一单元总配电箱

识读图时，顺着线路找去向，并且找去向的标注

BX(3×35+1×25)SC50

380/220V架空引入

从识读标注可得

导线为三根35mm²加上一根25mm²的橡皮绝缘铜线 (BX) 引入后穿直径为50mm的水煤气管 (SC)

系统采用三相四线制、架空引入

从识读标注可得

该住宅为6层，A相分配1、2层，B相分配3、4层，C相分配5、6层

六层同五层

五层
XRB03—G2(B)改 照明

C45N—60/2 (6A) 客厅、卧室插座 BV(3×2.5)PVC15 WL1
(10A)
C45NL—60/1 卧室插座 BV(3×2.5)PVC15 WL2
C45NL—60/1 厨房 BV(3×2.5)PVC15 WL3
DD862 5(20)A
C45N—60/2 (6A) 照明 BV(2×2.5)PVC15 WL4
(10A)
C45NL—60/1 客厅、卧室插座 BV(3×2.5)PVC15 WL5
(10A)
C45NL—60/1 厨房 BV(3×2.5)PVC15 WL5
DD862 5(20)A 卫生间插座 BV(3×2.5)PVC15 WL6
XRB03—G2(B)改

二～四层同五层

首层
XRB03—G2(B)改 照明

C45N—60/2 (6A) 客厅、卧室插座 BV(3×2.5)PVC15 WL1
(10A)
C45NL—60/1 卧室插座 BV(3×2.5)PVC15 WL2
C45NL—60/1 厨房 BV(3×2.5)PVC15 WL3
DD862 5(20)A
C45N—60/2 (6A) 照明 BV(2×2.5)PVC15 WL4
(10A)
C45NL—60/1 客厅、卧室插座 BV(3×2.5)PVC15 WL5
(10A)
C45NL—60/1 厨房 BV(3×2.5)PVC15 WL5
DD862 C45N—60/2(6A) 卫生间插座 BV(3×2.5)PVC15 WL6
5(20)A 地下室照明 BV(2×2.5)PVC15 WL7
楼梯间照明 BV(2×2.5)PVC15 WL8

去六层

BV(5×10)SC32

DT862 10(40)A 1单元
C45N/3
(40A)

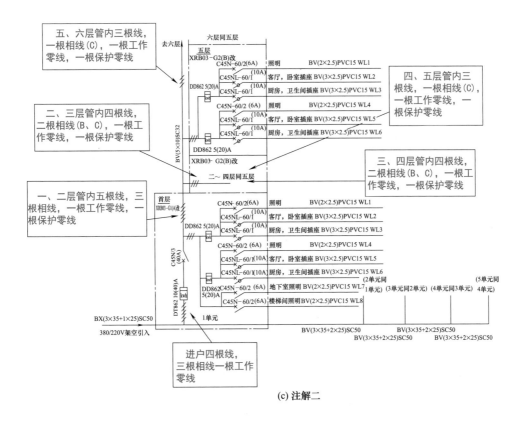

(c) 注解二

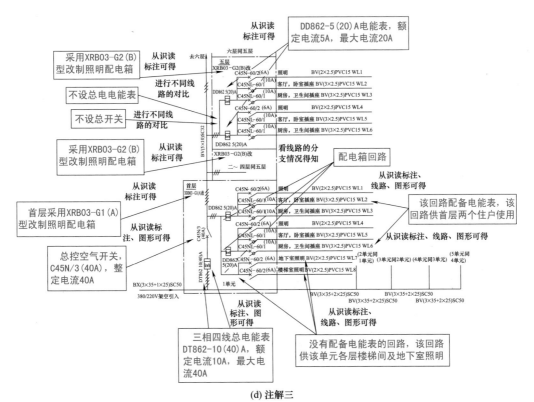

(d) 注解三

图 8-33

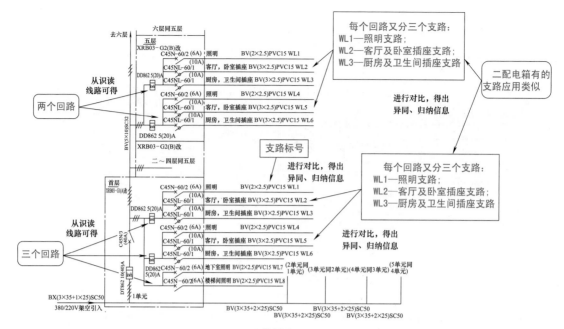

(e) 注解四

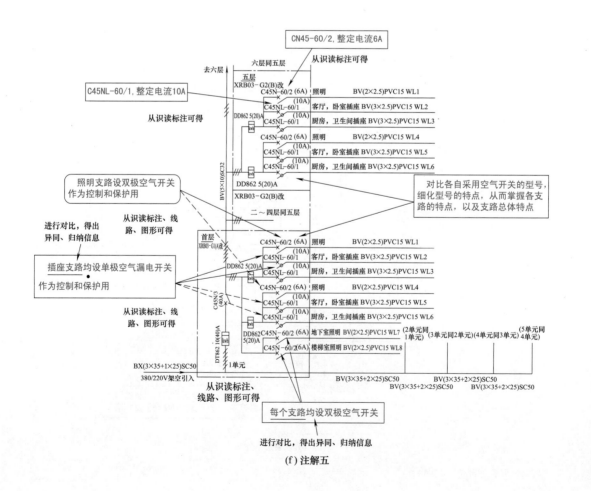

(f) 注解五

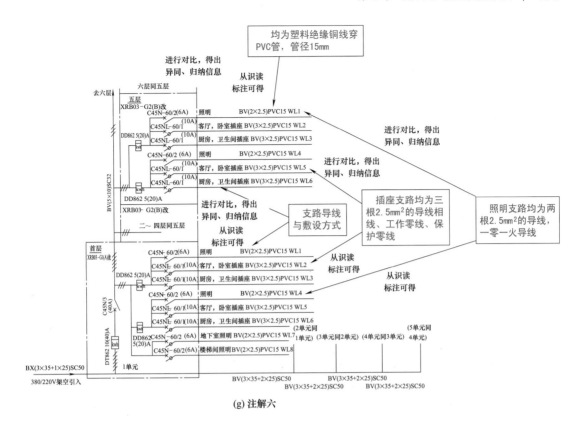

(g) 注解六

图 8-33　建筑电气照明图的识读

8.5.2　两灯一开关灯泡并联照明电路

两灯一开关灯泡并联照明电路就是把两只灯泡并联，用一只开关控制。两灯一开关灯泡并联照明电路的支电路间电压是相等的，但具有分流作用。

与两灯一开关灯泡并联照明电路相类似的多灯一开关灯泡并联照明电路的特点，就是并联灯泡的支路为 3 路或者 3 路以上。

两灯一开关灯泡并联照明电路如图 8-34 所示。

8.5.3　单极开关串联控制电路

开关串联也就是开关 1 的出线是开关 2 的进线，开关 2 的出线是开关 3 的进线，这样把开关串联起来的电路就是开关的串联。

单极开关串联控制电路如图 8-35 所示，电路中任何一只开关断开，灯泡均不亮。电路中所有开关均闭合，灯泡才亮。

8.5.4　感应开关控制电路

感应开关从外形上，可以分为 86 型感应开关、吸顶式感应开关。全自动人体红外线感应开关，适用于走廊、楼道、仓库、车库、地下室、洗手间等场所的自动照明、排风等。

吸顶式感应开关的安装方式大同小异，一般是在天花上开一定直径的圆孔，然后L、N、LOUT、NOUT 四个接线柱上分别接入火线进线、零线进线、火线出线、零线出线。接好线后，把开关扣入天花上即可。如果安装环境中无吊顶，则可以先用螺丝把开关顶盒锁在顶上，再把开关旋入底盒中。

吸顶式感应开关离地面不宜过高，最好 2.4～3.1m。简单的感应开关控制电路如图 8-36 所示。

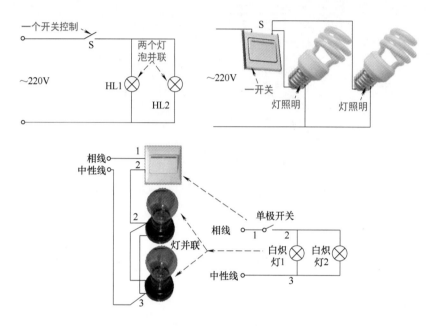

图 8-34　两灯一开关灯泡并联照明电路

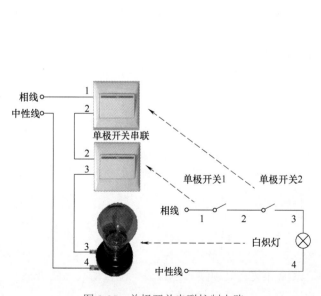

图 8-35　单极开关串联控制电路

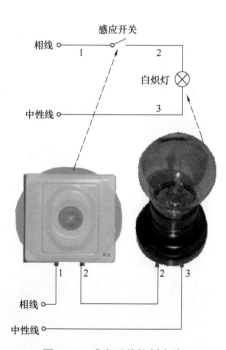

图 8-36　感应开关控制电路

8.5.5　建筑电气控制图的识读

电气控制图一般划分为两个部分，一是主电路，二是原理图的辅助电路。该两个部分紧密联系。电气控制图的布局很讲究，具有一定的规范与符号、线条标注，以及各种图形方向。建筑电气控制图的特点如图 8-37 所示。

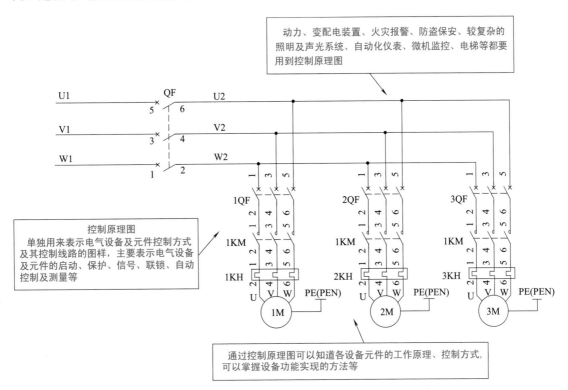

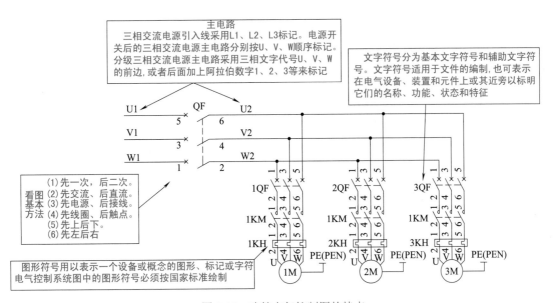

图 8-37　建筑电气控制图的特点

8.5.6　电动机两地控制接线电路

电动机两地（例如甲、乙两地）控制电路与接线电路如图 8-38 所示，其中，两地启动按钮 SB12、SB22 是并联的，两地停止按钮 SB11、SB21 是串联的。主要操作过程如下。

（1）电动机起动　合上空气开关 QF 接通三相电源──→按下启动按钮 SB12 或 SB22──→交流接触器 KM 线圈通电吸合──→交流接触器 KM 主触头闭合──→电动机 M 运行。同时 KM 辅助常开触点自锁。

（2）电动机停止　按下停止按钮 SB11 或 SB21──→接触器 KM 线圈失电──→接触器 KM 触点全部释放，电动机 M 停止。

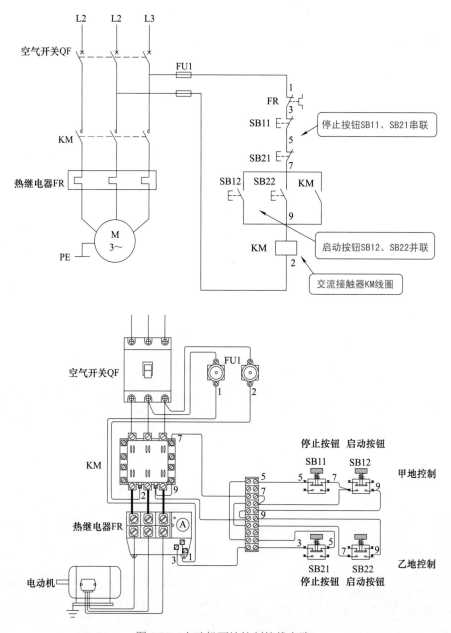

图 8-38　电动机两地控制接线电路

8.5.7　异步电动机反接制动控制电路

异步电动机反接制动控制电路如图 8-39 所示。

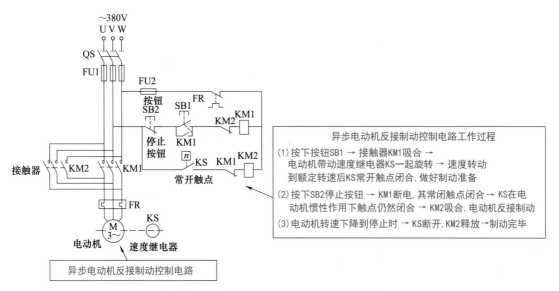

图 8-39　异步电动机反接制动控制电路

8.5.8　防、排烟系统电气控制原路图

防、排烟系统电气控制原路图图解如图 8-40 所示。

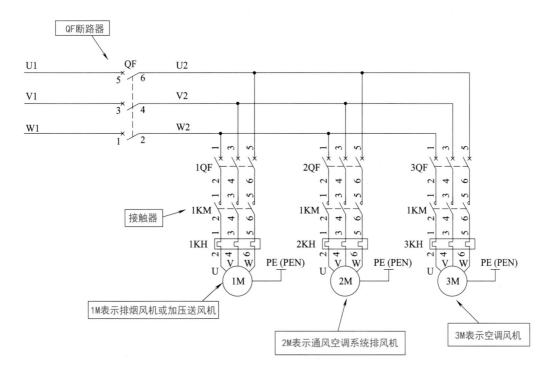

图 8-40

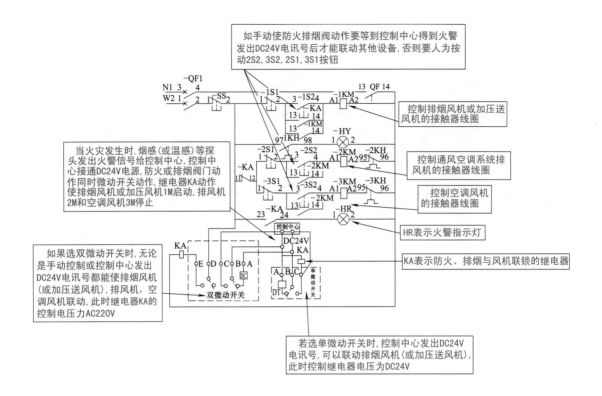

图 8-40　防、排烟系统电气控制原路图图解

8.6　建筑防雷接地图的识读

8.6.1　防雷接地图的类型

防雷接地包括防雷与接地。防雷就是防止因雷击而造成损害而设计的接地。接地分为静电接地与防雷用的接地。静电接地就是防止静电产生危害而设计的接地。

防雷接地图的类型如图 8-41 所示。

防雷装置的特点如图 8-42 所示。避雷针一般使用镀锌圆钢或使用镀锌钢管加工制成。避雷针圆钢的直径一般不小于 8mm，钢管的直径一般不小于 25mm。避雷针引下线安装一般采用圆钢或扁钢，规格一般为圆钢直径不小于 8mm，扁钢厚度为 4mm、截面积不小于 48mm^2。避雷针引下线一般要镀锌或涂漆。避雷针引下线的固定支持点间隔不得大于 1.5～2m，引下线的敷设需要一定的松紧度。

防雷（避雷线）用途常见的有两种，一种用于架空电力线路的防雷；另一种是用于建筑物的防雷。其中，建筑防雷包括基础打接地极、接地带，形成一个接地网，接地电阻一般要求小于 10Ω。接地网往往需要与建筑的钢筋或钢结构的主体连接，水泥混凝土屋顶需要接避雷带或避雷针，墙外地面需留有接地测试点。建筑物易受雷击的部位如图 8-43 所示。

图 8-41 防雷接地图的类型

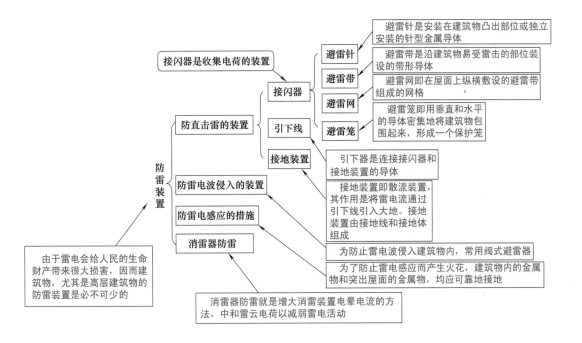

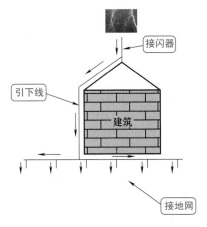

图 8-42 防雷装置的特点

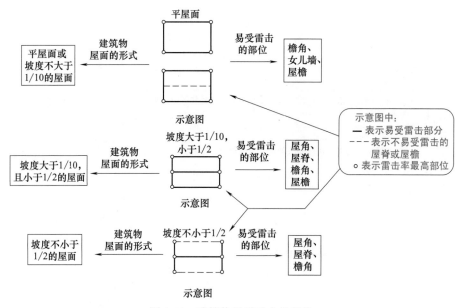

图 8-43　建筑物易受雷击的部位

供电系统接地可以分为保护接地、工作点接地。保护接地也就是带电设备外壳的接地。工作点接地也就是零线接地。

仪器仪表接地系统接地电阻需要小于 1Ω，其不能与防雷接地连接。

防雷装置连接示意图解如图 8-44 所示。实际生活中的一些防雷接地如图 8-45 所示。建筑物防雷分类的特点与其一般要求见表 8-8。防雷接地图常见的符号如图 8-46 所示。

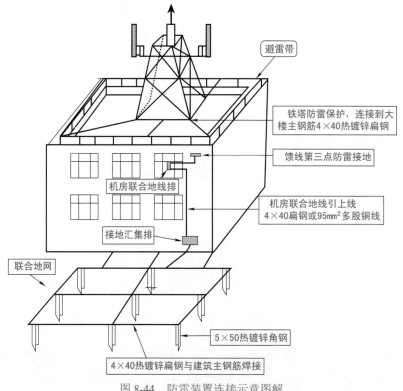

图 8-44　防雷装置连接示意图解

　**知识小贴士**

实际生活中的一些防雷接地如图 8-45 所示。

图 8-45　实际生活中的一些防雷接地

表 8-8　建筑物防雷分类的特点与其一般要求

防雷分类	建筑物分类	接闪器布置		引下线布置	
		滚球半径 h_r/m	接闪网网格尺寸 /m	引下线数量	引下线间距
第三类防雷建筑物	省级重点文物保护的建筑物及省级档案馆。 预计雷击次数大于或等于 0.01 次 / 年，且小于或等于 0.05 次 / 年的部、省级办公建筑物和其他重要或人员密集的公共建筑物，以及火灾危险场所。 预计雷击次数大于或等于 0.05 次 / 年，且小于或等于 0.25 次 / 年的住宅、办公楼等一般性民用建筑物或一般性工业建筑物。 在平均雷暴日大于 15d/ 年的地区，高度在 15m 及以上的烟囱、水塔等孤立的高耸建筑物；在平均雷暴日小于或等于 15d/ 年的地区，高度在 20m 及以上的烟囱、水塔等孤立的高耸建筑物	60	≤ 20×20 或 ≤ 24×16	不应少于两根	沿建筑物四周和内庭院四周均匀对称布置，其间距沿周长计算不应大于 25m
第二类防雷建筑物	国家级重点文物保护的建筑物。 国家级的会堂、办公建筑物、大型展览和博览建筑物、大型火车站和飞机场（不含停放飞机的露天场所和跑道）、国宾馆、国家级档案馆、大型城市的重要给水泵房等特别重要的建筑物。 国家级计算中心，国家通信枢纽等对国民经济有重要意义的建筑物。国家特级和甲级大型体育馆。 制造、使用或储存火爆炸及其制品的危险建筑物，且电火花不易引起爆炸或不致造成巨大破坏和人身伤亡者。 具有 1 区或 21 区爆炸危险场所的建筑物，且电火花不易引起爆炸或不致造成巨大破坏和人身伤亡者。 具有 2 区或 22 区爆炸危险场所的建筑物。 有爆炸危险的露天钢质封闭气罐。 预计雷击次数大于 0.05 次 / 年的部、省级办公建筑物和其他重要或人员密集的公共建筑物以及火灾危险场所。 预计雷击次数大于 0.25 次 / 年的住宅、办公楼等一般性民用建筑物或一般性工业建筑物	45	≤ 10×10 或 ≤ 12×8	不应少于两根	沿建筑物四周和内庭院四周均匀对称布置，其间距沿周长计算不应大于 18m

续表

防雷分类	建筑物分类	接闪器布置		引下线布置	
		滚球半径 h_r/m	接闪网网格尺寸 /m	引下线数量	引下线间距
第一类防雷建筑物	凡制造、使用或储存火炸药及其制品的危险建筑物，因电火花而引起爆炸、爆轰，会造成巨大破坏和人身伤亡者。 具有 0 区或 20 区爆炸危险场所的建筑物。 具有 1 区或 21 区爆炸危险场所的建筑物，因电火花而引起爆炸，会造成巨大破坏和人身伤亡者	30	≤5×5 或 ≤6×4	不应少于两根。独立接闪杆的杆塔、架空接闪线的端部和架空接闪网的每根支柱处应至少设一根	沿建筑物四周和内庭院四周均匀或对称布置，其间距沿周长计算不宜大于 12m

注：当利用钢筋作为防雷装置时，构件内有箍筋连接的钢筋或成网状的钢筋，其箍筋与钢筋、钢筋与钢筋应采用土建施工的绑扎法、螺丝、对焊或搭焊接连接。单根钢筋、圆钢或外引预埋连接板、线与构件钢筋应焊接或采用螺栓紧固的卡夹器连接。构件之间必须连接成电气通路。

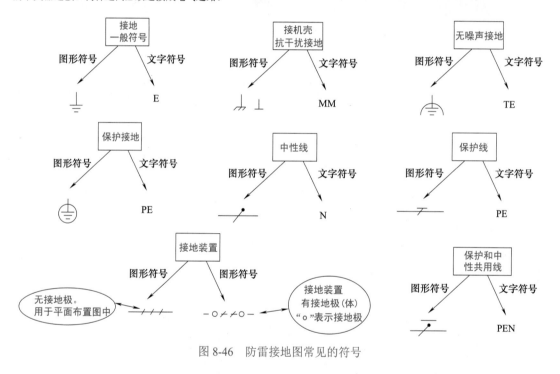

图 8-46 防雷接地图常见的符号

8.6.2 建筑物的防雷接地平面图

建筑物的防雷接地平面图一般是表示该建筑防雷接地系统的构成情况、安装要求等。建筑物的防雷接地平面图一般由屋顶防雷平面图、基础接地平面图等组成。其中，识读屋顶防雷平面图主要从图文中掌握采用的是避雷针或者避雷带、材料采用的是圆钢或扁钢、引下线采用的材料与安装焊接要求、避雷网格大小、防雷类别、敷设方式、支架间距、支架转弯处间距、与建筑主筋箍筋等连接要求、建筑物外墙金属构件与建筑物接闪器、引下线连接为一个等电位体要求等信息。

屋顶防雷平面图图例如图 8-47 所示。屋顶防雷平面图结合一些屋顶安装图，则更能够清楚地掌握屋顶防雷的施工特点、要求。一些屋顶防雷安装图识读如图 8-48 所示。接地网立面图识读如图 8-49 所示。

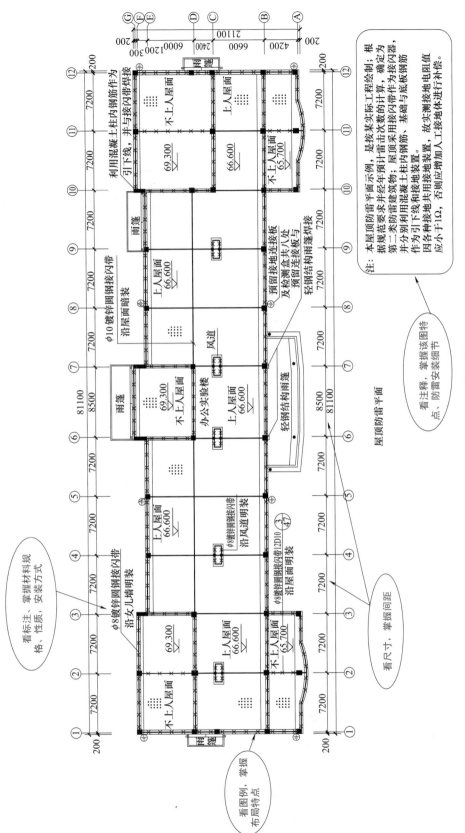

图 8-47　屋顶防雷平面图图例

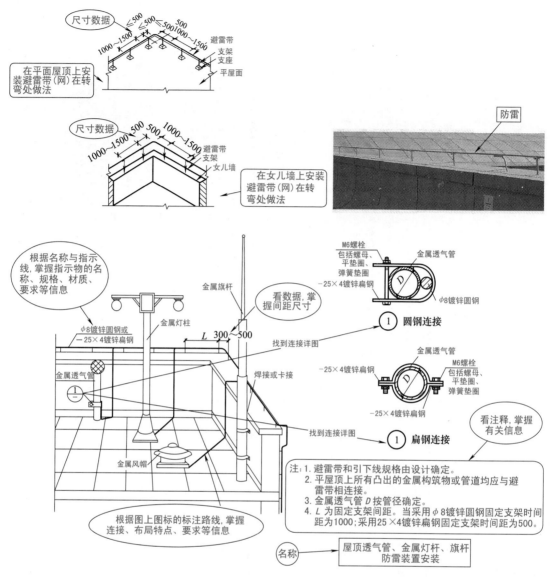

图 8-48　一些屋顶防雷安装图

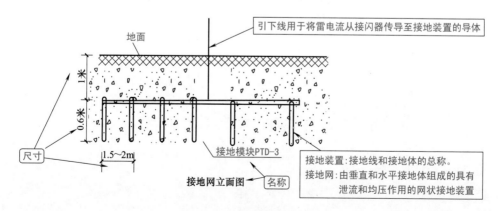

图 8-49　接地网立面图识读

8.7 等电位图

8.7.1 等电位联结图概述

等电位联结是把建筑物内、附近的所有金属物统一用电气连接的方法连接起来（包括焊接或者可靠的导电连接），从而使整座建筑物成为一个良好的等电位体。连接的金属物包括自来水管、煤气管、其他金属管道、电缆金属屏蔽层、电力系统的零线、混凝土内的钢筋、机器基础金属物及其他大型的埋地金属物、建筑物的接地线等。

等电位图包括等电位连接系统图、等电位连接平面图、等电位连接局部图等类型。

识读等电位连接系统图，应掌握建筑等电位连接整体特点、电位连接的节点、电位连接线路的分布特点与安装要求、等电位连接所采用的设备与材料等信息。

8.7.2 等电位联结系统图识读图例

等电位联结系统图识读图例如图 8-50 所示。

等电位联结平面图的识读技巧，可以采用首先确定节点，然后掌握节点间的连线。再对整体连线连接情况做出一定的分析、归纳、对比等。等电位联结平面图的识读技巧图例如图 8-51 所示。

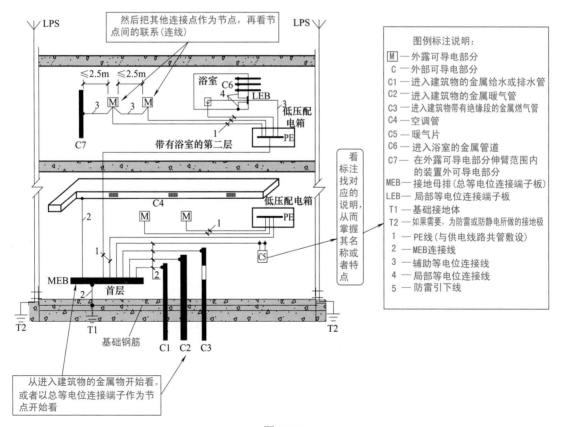

图 8-50

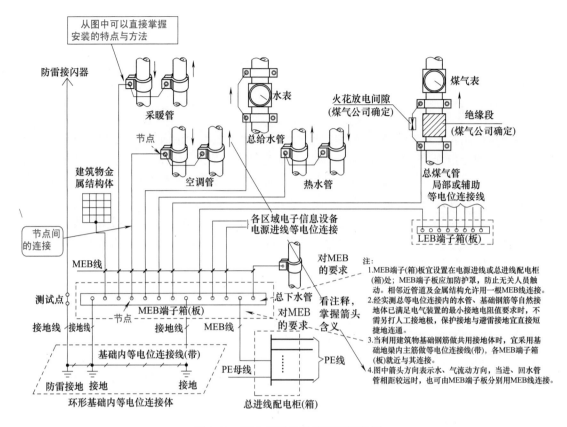

图 8-50　等电位联结系统图识读图例

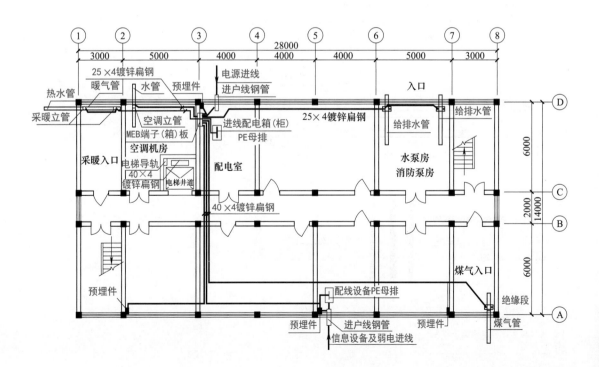

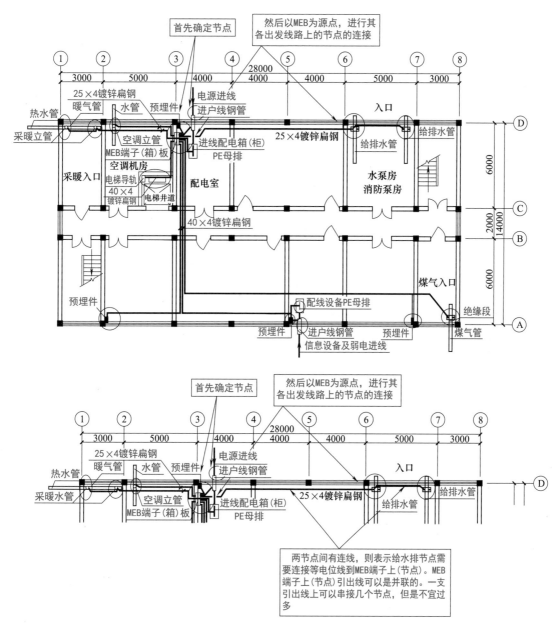

图 8-51　等电位联结平面图的识读技巧图例

主要参考文献

［1］GBT 50001—2017. 房屋建筑制图统一标准 .

［2］GB/T 50106—2010. 建筑给水排水制图标准 .

［3］GB/T 50105—2010. 建筑结构制图标准 .

［4］许小菊等编著 . 电工经典与新型应用电路 300 例［M］. 北京：中国电力出版社，2010.11.

［5］12YD10. 防雷与接地工程设计图集 .

［6］12YS2. 给水工程 .

［7］12YS3. 热水工程 .［M］. 北京：中国建材工业出版社 .

［8］16G101-1. 混凝土结构施工图平面整体表示方法制图规则和构造详图 .

［9］宋莲琴等编 . 建筑制图与识图（第二版）.［M］. 北京：清华大学出版社 ,1995.

［10］18G901-2. 混凝土结构施工钢筋排布规则与构造详图 .

［11］00DX001. 建筑电气工程设计常用图形和文字符号 .

［12］新 12J06 楼梯（DBJT 27-104-12）.

［13］12YJ8. 楼梯 .